Working From Home

Creating more Freedom in your Business and Adventure in your Life.

在家工作

徐豫
著

這樣做更好。

在家工作這件事，二十多年來，我從沒懷疑過……

——作家 侯文詠

目錄

前言

只是不想再去辦公室

現在你翻開了這本書，我猜你可能對於「在家工作」、「遠距工作」甚至「一人公司」這種生活型態抱持高度興趣，或內心深處有一絲嚮往這種生活模式。吸引你的原因可能是作息彈性、不必天天面對煩人的主管和同事，可以達到理想的工作——生活平衡狀態；也或許你已經是在家工作者，想看看別人的經驗作為參考。

不管是什麼原因讓你翻開這本書，我都想先謝謝你，讓我們有機會展開一段遠端對話。

此時此刻正在寫這本書的我，坐在美國加州家裡的書桌前，面對27吋的電腦螢幕敲著鍵盤。左手邊放著我的早餐：一盤有機櫻桃和一杯黑咖啡。我身上穿著一件睡衣連身裙，外頭套上一件棉質斜肩上衣（遊走在剛起床與可以外出之間的裝扮）。臉上無妝只畫了眉毛，自己感覺精神抖擻一些，開始一天的工作。

儘管這幾年很多人詢問我「如何有效率的在家工作？」或「經營一人公司的秘訣」之類的問題，但其實我並不是「天生的在家工作者」。小時候，母親急切地想預見孩子的未來，帶我去算命。命理老師信誓旦旦指出我的命盤裡有某顆星，註定一輩子得在大企業當白領上班族。

學校畢業後，我果然投身企業工作多年，曾任職三十人的小公司，也待過外商公司和五千人以上的百大企業。三十歲那年，我的年收入是二十個月的月薪，薪水頗豐，企業也知名，最大的好處是銀行特別喜歡借你錢，若想辦任何貸款都無往不利。

但人生總有一些時候，會發生意想不到的際遇，讓人想停下來，歇一歇，轉個彎。

後來，我離職了，正值三十一歲職場生涯起飛的黃金時期。讓我勇敢一試的推手，其實是個巧合。當時正好有出版社發現我隨手寫的部落格文章很有意思，表達想出版的意願。對於熱愛閱讀的我來說，「當作家」這件事十分夢幻，於是便在對未來毫無準備的情況下，開始在家工作的接案生活。

這個決定在當時只是階段性休息一下，但看在家人包括出版社編輯們的眼裡，賭注實在太大，「妳確定真的要當全職作家嗎？作家賺的肯定不夠生活喔……」

滿腦子只想專心寫作、當作家的我把這些提醒左耳進右耳出，看著銀行存款還有一些，「就當作做生意投資的成本吧，我就是自己的投資標的」，我心想。（多年後想起來，那時真不知道哪來的膽子，不知天高地厚）

一開始當然是吃老本的，但說實話老本也不算雄厚，每個月固定要繳房貸和支應生活費，算一算大約一年半左右就會財庫見底。

「見底的話，那就再回去投履歷上班吧！」，當時大概是這麼想的。

我用「御姊愛」作為筆名，順利出版了第一本作品，也幸運成為暢銷書。為了多賣點書，我開始學習經營臉書粉絲團，也接了電視和廣播節目通告、幫各大雜誌撰寫專欄，但儘管如此，年收入卻不到當上班族時的一半。於是我更認真的和粉絲互動，也學習平面和動態攝影、修圖、剪接之類的技術。

一年多以後，即使粉絲人數出現明顯的成長，媒體上也越來越多曝光，但銀行存簿裡的老本卻坐吃山空。

在家寫作的日子並不像大家想的那樣：穿得美美的泡在咖啡店觀察人生百態。實情是，光點一杯咖啡就已超過一餐的預算。為了讓自己能多維持一天專職作家的生活，我盡可能都待在家裡省吃儉用。眼看著銀行帳戶水位一天一天下降，我已經沒有時間和資源再耗下去了，被迫得在這份夢幻工作和回去當上班族之間二擇一。

但想到辦公大樓，我就不由得胸口一股悶，那樣的生活，我實在再也不想回去了。

早上進了辦公室之後，一天都見不到陽光；跟著大家擠通勤趕打卡，憋在一個小位子裡；下班回家累得動彈不得，週末跟著人擠人，景點擠、賣場更擠。想跟主管請年休，明明是自己的權利還得察言觀色，被處處刁難。

在家工作對我這種內向個性的人來說，最大的優點就是能避開人群、錯開尖峰時刻、減少辦公室必要的「群體意識」、自由生活。

想到這點，居然燃起了我的鬥志。

我一定要盡最大的努力，繼續維持這樣充滿彈性空間的自由工作者生活。

後來當有人問我，「是什麼樣的夢想支持妳往前走？」我都會說，倒不是什麼遠大的夢想，**只是單純不想再回去當上班族過集體生活而已。**

那天之後，我一面經營「御姊愛」個人品牌，一面思考各式各樣增加收入的方式、探聽各種可能的機會。

後來大學的學姊約我一起合作政府標案、任職廣告公司的朋友也請我幫忙撰寫企劃案、拍攝影音節目，也當過中小企業品牌經營顧問、創辦學習社團舉辦講座和課程、甚至也曾找工廠訂製產品做過零售。

業務範圍越來越廣，每月營收也越來越高，我在這段期間內因為業務所需，設立了一間小公司，說小是真的小，其實當時也就只有我一人而已，所有的會計財務、法務律師或各種需要更多人力的計畫，都是用外包的方式找業界最優秀的高手群來組成團隊，共同執行。

從接案者到成為發案人，我一直都使用遠端工作的方式與團隊聯繫。少了面對面開會，確實會讓人有點不安心；有時也難免溝通失誤，結果做出來的成果不如預期。

像是某次我在紐約採訪出差時，深夜突然收到來自高雄客戶著急的來電，原因是其中有一組由我們公司負責承包的攝影作品拍得「不夠美」，這個項目的執行者是台北的一位部落客，於是我立刻聯繫對方，火速進行視訊會議，透過許多參考圖片與對方在抽象的美感上達成共識，擬定修正方案。

對遠端工作來說，難的時常不是工作本身，而是建立有效的溝通方式。

另外一個對在家工作者來說常見的困擾，是社會眼光。

一開始有人問我在做什麼職業時，我總是猶豫不知道該先說哪個工作才好，如果只是回答「作家」好像不盡完全，回答「公司老闆」，又會立刻被問到「有幾個員工？」「公司在哪？改天去你辦公室坐坐」……如果說自己是「在家工作」，對方下一秒便會流露同情的眼光，好像你只是用文雅一點的方式說自己失業。

不，在家工作不是失業！我們能快速隨著市場機動應變、高效率高生產力，薪水也未必不好。再說，省下一些通勤、治裝、買化妝品、應酬送禮之類的費用，每月能存下來的錢其實更多。

值得一提的是，很多人都忘了計算，**在辦公室承受組織文化或主管同事面對面的鳥氣，也是一種實實在在的情緒成本。**

為什麼你需要看這本書？——是時候嘗試一種新的生活方式了。

在家工作不只是一種工作型態，也是一種生活方式。比成為作家更讓人興奮的，是擁有把自己放在首位、真正以自己為主的生活型態。

我曾在義大利佛羅倫斯居遊時，寫下許多專欄文章；在倫敦旅行時完成了一本著作；在紐約的飯店大廳溝通客戶危機處理；威尼斯某間古老的旅館裡有我跟工作夥伴視訊會議的身影，也在挪威小島上的森林裡和團隊夥伴傳過不少工作訊息。

一年前，當我答應男友求婚，決定定居美國時，身旁的朋友很擔心的問我，「你真的決定要放棄台灣的一切了嗎？」

我愣了一下，反問對方「我要放棄什麼嗎？」

朋友指的是工作、薪水、影響力和媒體曝光。確實，如果照傳統上班族或仰賴實體交流的工作模式來說，或許離開一個地理區域就意味著砍掉重練。

但仔細想，其實一直以來我的工作型態多半都是遠端遙控，或許某些活動或通告的確會受到影響，但並不需全盤放棄。

無論我身在何處，都可以繼續寫作、拍影片、經營粉絲團和影音頻道、做線上代言、發展線上課程、進行線上演講、甚至也能發展線上團購或電商，透過各式各樣的網路平台繼續經營台灣市場，甚至因為人在世界各地，反而能開發更多潛在機會。

像我這樣的例子並非少數。我有位朋友是美法混血，原本在倫敦的媒體圈工作，退休後當起線上英文會話老師，因為看上哥斯大黎加的絕美天然環境而定居當地。她坐在家裡，和來自俄羅斯、巴西、日本等世界各地的學生對話。她在家工作，但擁有全球市場。

若是以前，或許有人會覺得「錢多事少離家近，說休假就休假，甚至還到處旅遊」是癡人說夢，但在家工作這樣的生活型態真實存在，而且全球越來越多企業和個人都陸續採行，一點都不誇張。

當然，事情並不總是只有光明面。說實話，一開始並不容易在其中找到平衡點。例如長時間沒有主管同事圍繞可能失去生產力，又或者因為工作和生活的界線混淆，反而無時無刻在工作。

經過多年的在家工作生涯、無數「嘗試、錯誤、修正」的循環中，我也逐漸掌握了這種生活方式的精髓。

在這本書裡，我將透過自身過來人的視角，分析全球在家工作的趨勢、案例與現況，並提供可實踐的務實建議。

撰寫期間，因為正巧遇上全球新冠肺炎疫情，歐美各國大規模要求員工必須在家工作，也加速讓我趕緊想把這本書分享給大家。

希望這本書能夠幫助你，開啟自我職場生涯的想像力，感覺被賦權，更有掌握生活的能力和勇氣。

——徐豫

1 從今天起全家都在家工作

那是個風雨欲來的早晨，誰都不曉得，幾個小時後將改變全美國居民的生活，並掀起一場可能永遠影響職場未來的大革命。

我一如往常在七點鬧鐘響起前便起床，身體像是內建了另一個時鐘。相對於手機裡的貪睡裝置，我體內大概有個警示器，提醒自己要早點起床以免被鬧鐘響聲給嚇著。

走到廚房給自己煮了杯熱咖啡，烤了一片奶油白土司，把 iPad 在餐桌上架好，點開《紐約時報》APP，邊吃早餐邊看報是我每天早晨揮別睡意跟世界接軌的儀式。

那天紐時斗大的標題《華爾街自一九八七年以來最慘跌幅》*1立刻吸引我的注意力，受到 Covid-19 新冠肺炎影響，金融市場遭遇嚴重衝擊，道瓊工業指數前一天暴跌10％，是自一九八七年股災「黑色星期一」以來最嚴重的一次股市重挫，這個時間點落在美國總統川普宣布對歐洲實施三十日旅遊禁令之後。全球市場動盪不安，美股已經兩次熔斷（三天後又發生第三次熔斷），市場邁入熊市。

股災報導下緣是一張義大利醫護人員為了在當地檢測新冠肺炎所搭起的臨時肺炎檢測站新聞照片。而照片下方，則是紐約包含百老匯戲院、大都會博物館都決定暫停營業的消息。

那天早上，我的丈夫凱文照常九點去公司上班，他在半導體產業擔任工程師。我送他出門離開後，走回房間，開始回覆工作上的郵件，有的商業信件比較複雜，我會自行處理，另一些則轉寄給台灣的助理請她回覆。信件處理完後，接著架起腳架和手機，拍攝品牌業配合作的產品照片。

作為長期經營個人品牌的獨立工作者，自拍和攝影剪輯是基本的職場能力。

接近中午時，我去了附近有機超市一趟，媒體連日報導廁所衛生紙、廚房紙巾和乾洗手消毒液開始缺貨，讓我決定趕緊去補貨，沒想到從來不曾需要排隊的超市，居然排起長長的人龍，連手推車都搶不到，我只好拿著手提籃殺入重圍。

疫情蔓延人人自危，最好能不出門就不出門。想到下一次再來超市不知道什麼時候，往提籃裡塞的東西便越來越多，直到我的二頭肌再也支撐不住才收手。

心虛地環顧四周，才發現原來不只我如此，幾乎所有店內的顧客都是一副狠勁，我前方一位年輕女士手推車上的商品堆得像小山一樣，她邊用推車卡位排隊結帳，還一邊繼續來來回回拿各種罐頭往推車上疊。

光排隊結帳就等了一個多小時，實在太瘋狂。

後來我才知道，原來美國總統川普（Donald Trump）不久前宣布全國進入緊急狀態。美國人都慌了，全衝出來死命囤貨。正拿出手機想跟凱文分享這宛如逃難般搶糧的購物經歷時，他的訊息就來了：「我待會就回家，公司宣布從下午起讓大家開始在家工作。」

「只有今天下午嗎？還是會到什麼時候？」我回傳訊息問。

「不知道，沒說。」

這天終究還是來了，我心想。

為了避免人與人近距離傳染使肺炎疫情持續失控，美國各州政府陸續宣布維持「社交距離」，人與人之間必須保持兩公尺以上的距離，且除了民生必需產業、超市和醫療院所以外，所有的餐廳都禁止入內用餐，僅可外帶；健身房、電影院、酒吧都得停業，一般企業則必須讓員工在家工作。美國科技業龍頭微軟、亞馬遜、推特等公司也比所有企業都早一步要求員工盡可能留在家裡遠端工作。

其實科技公司讓工程師在家工作的情況並不少見，但包含行政人員全都把筆電、桌機各自搬回家中辦公卻是第一次發生，畢竟什麼時候可以再回到辦公室，沒人有答案。

從那天起，我們的日子便不再一樣，原本只有我一人在家工作，突然又多了凱文。我們一人關一間房，白天時互不干擾，只有午餐時刻短暫相處一小時。

作為遠端工作的企業上班族，他顯然比我忙碌得多，早上常有兩、三個線上會議，下午又塞好幾個會，又因為他也要負責和海外（台灣）聯繫，所以有時為了配合時差，連睡前都還在開會。

對於小型個人創業者的我來說，在家工作是多年常態，但對凱文和世界各國許多受到疫情影響，突然被迫在家工作的人來說，卻是全新的挑戰。

#受薪階級在家工作爆炸性成長

許多人以為在家工作可能只是新冠肺炎疫情下暫時性的權宜之計，其實不然，人力資源公司紛紛預測，未來遠端在家上班的工作型態，可能會成為企業長期發展的重要趨勢。

如果說「遠端上班族在家工作」展現一種新型態職場生產力的可能性，新冠肺炎無疑是讓全球企業大規模實驗可行性的推手。事實上，自二〇〇五年至二〇一七年間，全美遠端工作人口爆炸性成長了159%[*2]。通訊科技的進步和產業數位化變革是讓遠端工作模式能夠實現的主要推手。包含線上語音視訊會議軟體的普及、雲端儲存協作平台系統、企業去疆界的人才招聘，都讓遠距在家工作不再遙不可及。

根據美國勞動部勞動統計局統計資料顯示*3，二〇一七至二〇一八年間，將近57%的美國工作人口都有彈性工作時間，其中25%的人一週有幾次會在家工作，另外有15%的人則是天天都在家工作。

這些在家工作的人當中，有超過六成的人是受薪階級。換句話說，這也正代表有許多企業樂於提供員工在家工作的選項。

在家工作族群大致分為幾種類型：

1 接案者

以承接執行委託案作為主要收入來源，既不受雇於大公司，也沒有登記設立公司的獨立接案者。

2 小型創業者

許多初期創業者可能只有老闆一位員工（或員工數不多），為了節省成本而在家工作。美國知名企業蘋果電腦、谷歌、迪士尼、洋基蠟燭都是從自家車庫發跡的公司。此外，由於產業轉型，各種小型創業機會紛紛出現在市場上，無論經營個人社群媒體、微電商、軟體設計、線上課程或諮詢顧問服務等，能透過網路平台或人工智慧服務使一人公司也能規模化，創造豐厚或至少自給自足的營收。

3 居住地位於他處的企業員工

企業為了延攬各地人才，有時會選擇讓員工遠端工作。例如知名部落格網站WordPress 就是一間「全遠端公司」，員工百分之百都遠距在家工作（當然，或許他們也可能不在家，而是正在世界某個角落的海灘喝著插了一把小傘的雞尾酒），透過網路交換工作進度和進行會議討論。

4 加班的企業員工

某些所謂在家工作的族群並不是這麼幸運，他們不是自願在家，而是同時要去辦公室上班，還得把做不完的工作帶回家做。

5 擁有多職的斜槓者

斜槓兼職是近年熱潮，許多人身兼數職，在本業之餘另外以個人專長接案擴張收入，這群斜槓者有可能平日是必須進公司的上班族，利用下班或週末假日在家工作完成其他兼差業務。

越來越多企業都將遠端工作納入一種工作型態的選項，原因很多，例如節省營運成本、讓員工能兼顧職場與家庭、提升工作滿意度，或是因職務需要橫跨海外市場不同時區，採用遠距工作也方便彈性調整工作時段。諸如投資業、商業管理、遠距教育和高科技產業都是常讓員工遠端工作的產業。

紐西蘭網路廣告聯播公司Affilorama的CEO兼創辦人賽門·史萊德（Simon Slade）曾在接受人力資源網站訪問時指出[*4]，「透過遠端工作，我們可以招聘到全世界最優秀的人才，不受限於公司所在的地理位置。」

史萊德強調，自己公司裡有二十幾位在家工作的員工，「說實話他們的薪資反而比較高，因為都是這個圈子裡的佼佼者，比較不會因為不在公司上班而分心或失去生產力。後來證明他們的表現可圈可點，更重要的是，這麼做也為公司省下不少錢，我們不用提供電腦或是電費，他們都用自己的。」

不可否認，職場運作除了衡量成本與效能之外，員工的個性以及整體所處的社會文化也需一並評估，在家工作的優缺點，也必須分別從企業與員工各自不同的角度來看。而且適用於美國或歐洲的管理方式，未必能無縫接軌執行於亞洲社會。這部分我們將在本書後面的篇章繼續延伸探討。

即便新冠肺炎讓全球都進行了一場在家工作的大型實驗，但疫情結束之後，究竟哪些國家會更樂意將工作模式轉換為遠端執行尚且不得而知，但可以確定的是，在幾個月「不得不」升級各種遠距溝通設備的結果下，全球產業在面臨可能到來的職場勞動模式新浪潮，都已比過去數年來更有所準備。

1 2020 年 3 月 13 日，《紐約時報》。

2 'Remote Work Statistics: Shifting Norms and Expectations'. *Flexjobs.* https:// www.flexjobs.com/blog/post/remote-work-statistics/

3 'Job Flexibilities and Work Schedules Summary'. *U.S. Bureau of labor statistics.* https://www.bls. gov/news.release/flex2.nr0.htm

4 'Working from home can benefit employers as much as employees.' *Moster.com* https://www. monster.com/career-advice/article/the-benefits-of-working-from-home

在家工作的優缺點分析

優點	
企業角度	
節省固定成本	員工遠端工作可以省去企業辦公室租賃空間、茶水、水電費甚至電腦硬體設備等成本。
網羅更多優秀人才	人才招攬不必受到地理疆界限制，全球人才都成為人才庫的潛在人選。也可以透過遠端工作開發新人才，先合作一些案子後再將其轉為正式員工。
提升員工滿意度	員工能夠平衡家庭生活與職場發展，並且有舒適的工作環境，可提升工作滿意度。
增加效能與創意	辦公室環境有時人多且較為喧鬧，較不利長時間專心或發揮創意，在家工作對於某些人來說更能發揮生產力。
客觀評量員工績效表現	不像在辦公室上班顧念見面三分情，或因為個人偏好而可能有評量偏差，在家工作的績效表現必須更加就事論事且務實。對於企業來說，有助於改善績效衡量標準。
減少會議缺席率	對企業來說，員工時常缺席會議的原因不外病假、臨時事假或通勤因素造成缺席，但對於在家工作的員工來說，因為會議往往必須事先安排，且只要有手機就可以隨時隨地參與會議，大幅減低出席會議的難度，有助於降低缺席率。
讓員工更加獨當一面	由於沒有主管或同儕在身邊可以討論或依賴，在家工作的員工必須更加展現自主精神，有效率地表達自己的理念和立場，或設法與他人協調溝通，使負責的項目能夠繼續推動。

優點

員工角度	
節省時間	省下上班和下班交通尖峰時刻的通勤時間，可以讓睡眠時間或早餐時間更加充足。遠距工作也能避免許多虛耗時光無意義的冗長會議，就算必須參加，也可以一邊做自己想做的事。
省錢	除了可以減少交通費的支出外，也能減少治裝費和購買彩妝用品、首飾等費用。午餐跟晚餐都能減少外食，不必在商業區吃昂貴的簡餐。少了天天和同事見面後，應酬的機會降低，無形中減少許多開支。
彈性調配作息 兼顧工作與生活	個人自由度大幅增加，可以同時兼顧工作和家庭生活，按照自己的步調調配作息。
避免職場人際 社交難題	對於內向型的人來說，社交往往比工作本身還要難，在家工作能夠減少各類職場社交與人際難題，既不必煩惱是否要拍主管馬屁，也不用憂慮是否會有職場騷擾等煩心事，少了人與人之間互相競爭比較，只需要把負責的任務妥善完成就好。
更能專注工作 減少被打擾	不必再被各種電話鈴聲、同事干擾而打斷手邊正在進行的工作，也不用再購買電腦螢幕防窺片躲避辦公室的各種窺伺目光，在家工作得以免除辦公室環境的各種內外在紛擾，讓人更加專注在工作裡。
在更舒適的 環境裡工作	不是所有的人都喜歡穿西裝或套裝坐在開放空間工作，在家工作能夠客製化打造個人喜愛的居家辦公環境，穿著舒適的衣著，聆聽（或不聽）音樂，不必遷就辦公室既有環境。如果偏好去咖啡店或其他環境工作，也能自由移動。
自己訂定規則	在家工作可以極小化「辦公室文化」帶來的影響。許多人在職場感到不開心，不見得是因為無法完成工作項目，有時是因為不習慣該公司或部門所呈現的「辦公室文化」，覺得自己格格不入。在家工作時，由自己來訂定屬於個人的職場規則，例如什麼時候可以休息，什麼時候應該犒賞自己。若是創業者，還能夠決定上下班時間和假期。

缺點

企業角度

- 難以信任員工，擔心員工看不到人就不把任務放在心上
- 在家工作並不適用於所有人
- 造成其他無法遠端工作員工的嫉妒
- 資料安全疑慮
- 通訊設備需要重新打造學習
- 團隊合作力的困難

缺點

員工角度

- 沒有同事，產生寂寞與失去支援的感覺
- 居家環境未必適合辦公
- 缺乏社交機會，人際溝通或談判能力無法提升
- 少了規律組織內職稱、晉升給予的社會肯定，失去自我認同與成就感
- 員工有可能需要繳交公司所在地和居住地雙邊稅款
- 失去自律，陷入生活作息惡性循環
- 疏於打理自我，個人形象頹廢邋遢

2 全球企業正進行中的一場大型實驗

在討論「在家遠端工作」會面對的各種實際狀況之前，我想先讓你有一些心理準備：我們現在所談論的異地辦公，和幾年前大家紛紛猜測數位科技有助於人們彈性上班、兼顧工作與生活或達成斜槓夢想的概念，表面上看起來相似，其實蘊含的意義完全不同。

網路上流傳一個有趣的問題。

問：以下何者領導公司數位轉型？

Ⓐ CEO

Ⓑ CTO

Ⓒ Covid-19

答案是C。疫情的發生，掀起一波產業變革與職場變化巨浪，所有的改變不是逐漸來到，而是一夕翻頁。不管是執行長還是科技長，都不如一個新冠肺炎來得又急又快，逼得企業不做數位轉型就等著破產。

「隨選需求」的工作機會將供不應求

二〇二〇年三月中旬，儘管疫情在中國爆發已經整整將近一個半月，但美國因為離得遠，加上世衛組織當時一再安撫大家還沒到全球大流行的程度，所以直到疫情之火迅速燒向北美時，才終於全面燃起美國市場的恐慌不安。

川普宣布美國全國進入緊急狀態後的一週，彭博新聞採訪了紀源資本(GGV Capital)的合夥人傑夫・理查(Jeff Richards)，主持人想知道究竟疫情是否會影響整體創投市場，以及會帶來什麼新趨勢。

當時疫情才正嚴峻，沒有任何人面對過如此嚴重的傳染病大流行，理查在節目上並沒有給出太多數據或產業前瞻預測，但他斬釘截鐵地告訴大家，「每個人都必須開始學習在家工作、使用在家工作的輔助工具如 Zoom 或 Slack，更重要的是，保留你的現金，在市場詭譎多變景氣又差的時候，身邊留著現金很重要。」

理查受訪後的兩個月間，美國各級政府、學校和企業，至少延長了兩次以上的閉關期。疫情遲遲不見好轉，餐廳、酒吧、百貨公司、服裝店、健身房……幾乎所有非民生必需商家全都歇業，全面回復日常生活顯得遙不可及。

所幸美國人從一開始的恐慌性搶購，逐漸找到日常生活的節奏，大家開始下載各種外送食物服務 APP，例如 Uber Eat、DoorDash（這類服務讓消費者用手機點選餐廳美食，坐在家裡等著食物上門），或購物小幫手 Instacart（消費者可以點選所需的超市物品，會有專門的人幫你到超市採購，送到你家)；加州華人圈則流行 Weee!(有各種亞洲食物、蔬果、米麵罐頭，外送到家)；亞馬遜(Amazon)和全食超市(Whole Foods)合作的鮮食外送服務在這段期間老是被訂爆，消費者幾乎完全搶不到時段。

美國勞工部每週都更新驚人的失業率新增數字，同年五月初，美國失業人口高達三千三百萬，知名國民服裝品牌 J.Crew 和連鎖百貨 Neiman Marcus 都紛紛不敵疫情，聲請破產保護；維多利亞的秘密宣布關閉二百五十家實體店面，Bath & Body Works 也收掉五十家店。

儘管實體零售業蕭條至此，網路零售卻在這樣的時局中強勁成長，亞馬遜和沃爾瑪(Walmart)都宣布要招募倉儲管理和送貨相關人員，兩家公司加總起來至少開出二十五萬個職缺。

市場不明朗，沒有人說得準此時的市場變化是一時還是永恆的質變。

終於，美國矽谷網路創投圈最讓人引頸期盼的一份報告出刊了。發布者是美國知名的創投專家、被《財富》雜誌譽為「科技業十大最聰明的人」網路女王——瑪莉・米克爾*1(Mary Meeker)，這份最新的網路趨勢報告標題名稱是《我們的新世界》(Our New World)*2登出之後立刻引起網路上的熱烈討論。

米克爾指出，疫情期間在家工作會議的相關APP下載量突破歷史紀錄，原本由Instagram創造的兩年內增加一億名使用者的紀錄，會議軟體Zoom居然只花三個月的時間就超越，從一千萬名使用者成長為兩億。除此之外，遠距辦公討論平台Slack的付費用戶也增加兩倍，微軟(Microsoft)的Teams視訊軟體則是每週都成長近四倍。

米克爾形容，疫情宛如一場大型實驗，把幾乎所有的企業都直接丟進遠距工作的方式裡，看看到底誰已經準備好可以徹底數位轉型。

報告包含幾點發現：

- 遠距工作的毛利及生產力維持跟以往相同，甚至創造出更好的效能。
- 影像通話只要不過度使用，會非常有效率，而且時常能夠比預定的會議時間更早結束。
- 使用文字訊息和用影像做資訊分享能有效溝通。
- 以往任職於分公司的員工總會覺得自己比起總公司員工來說像個局外人，遠距工作有助於讓大家的距離變得平等，感覺每個人都在核心，受到相等的尊重。
- 對員工來說，工作時間彈性、不用通勤、餐費也節省很多。

米克爾特別提到，未來因應「隨選需求(On-Demand)」的工作將會大幅上升，供不應求，例如 Uber 就是交通上的隨選，Uber Eat、Door Dash 是食物外送隨選、Instacart 是超市採購的隨選。

這些「隨選加上外送到家」的營業項目，通常由第三方公司來提供服務，在消費者與原店家中間，提供點到點之間的物流橋梁，藉此收取服務費與小費。

這些項目不只是未來懶人經濟、銀髮市場、家有學齡前幼兒小家庭的大熱門，也提供了從業者另一種職場模式的可能性。這類型工作者能夠享有很大的自主性與彈性空間，工作上不需要天天進入辦公室，因此也符合現代人想要更多自主性的生活型態，甚至有人一邊經營自己的小公司，一邊兼差跑跑腿賺外快。

時局和產業的變化太過快速，許多人深怕兩年後自己現在的工作不保，對財務產生強烈的不安全感，因此促使每個人都開始發展各種技能，創造多重收入來源，讓收入不至於放在同一個籃子裡。

相較於美國在疫情期間才爆發的「實體服務隨選需求」經濟市場，米克爾認為，亞洲各國在這方面早已敏捷領先，未來全球其他市場也都將迅速跟上。

#遠端工作的能力，不是想要而是必要

對職場嗅覺比較靈敏的人來說，早已知道在辦公室上班不是唯一的選項，在家遠端工作不只能兼顧生活與職場，也能擁有節省開支等各種好處；如今全球產業在疫情的推波助瀾下，許多遭受波及而損失慘重的公司紛紛覺醒，加速全面數位轉型的腳步，不少公司意識到或許讓員工彈性上班、在家工作也是可行的選擇。

馬克．祖克柏 (Mark Zuckerberg) 宣布未來的五到十年內，臉書將讓過半

數的員工都實行在家工作，「若限制員工的來源只來自辦公室附近少數城市的居民，或是願意搬過來這裡的人，代表將會少掉很多來自不同群體、不同背景、不同觀點的員工。」

事實上臉書作為科技界最大的公司之一，其加州矽谷總部辦公室的福利已經好到讓人羨慕，包含讓員工享有免費的接駁巴士、免費的咖啡和食物、個人衣物乾洗服務……卻仍然因為灣區驚人的生活水平和高消費而讓人望之卻步。

祖克柏在接受《紐約時報》的採訪時說，「這一切已經非常清楚，這場疫情完全改變了我們的生活，也包含我們看待工作的方式，我希望未來透過遠端工作的型態能大幅成長。」

當然，也有許多評論認為，在這波疫情期間，許多矽谷的科技公司紛紛跳出來宣布要全力促成員工遠端工作的原因，也跟這些辦公室所在的矽谷、紐約、西雅圖等地貴得驚人的房價、地價有關，一旦不需要這麼多的辦公室，自然就能省下大幅成本；其次是為了搶奪辦公室附近最優秀的人才，各家企業紛紛在薪水上卯足了勁，不只要讓員工能支付這些區域年年調漲的天價房租，也得在薪水上反映企業競爭力。一旦改成遠端在家工作模式，不只員工可以不必搬去昂貴的科技蛋黃區，企業也可以從這場金錢的競逐賽中脫身，只需要負擔員工合理的薪水即可。

就像「開放式辦公室」文化從矽谷吹向全球一樣，象徵著新穎、快速、趨勢與未來的科技產業，對全球職場有著領頭羊的效果，如果臉書、Twitter、Google 都全力支援並推行員工遠端在家工作，在不遠的將來，遠距工作將不再只是一種個人的工作型態偏好，而是不得不學習的一項重要技能。

因為誰都說不準，遠端工作是否會變成你我未來的新常態。

1 瑪莉・米克爾是前摩根史坦利財務分析師，後來跳槽至風險投資公司 KPCB，2018 年底，她離開 KPCB，成立自己的創投公司 Bond Capital。自從米克爾在 1995 年居中牽線主導 Netscape 網景進入紐約股市市場後，她每年都會發布一份網際網路市場報告，進行市場預測。過去她不只成功預測美國亞馬遜、美國在線（AOL）等公司的潛力，也率先在 2004 年發布 200 頁的〈中國網際網絡報告〉報告，吹響西方市場關注中國網際網路市場將蓬勃發展的號角，當時她就預測，中國大陸的網際網絡公司市值將在五年超越日本；2009 年，她也發布「行動網路報告」，預測筆記型電腦將會被行動通訊設備所取代，成為次要上網產品。米克爾每年所提出的報告，都成為科技創投圈最重要的參考指標之一。

2 Our New World. Bondcap. https://www.bondcap.com/report/onw/

3 日本的考驗：為何科技大國卻做不到遠距工作

疫情期間，各國企業被迫推向遠端工作的大型職場實驗。如果說這場突如其來的改變有如大浪襲來，潮水褪去才知道誰沒穿褲子，這次令人震驚的是，沒穿褲子的赫然是人稱科技強國的日本。

當各國政府紛紛要求民眾在家避難且遠端工作時，日本僅管疫情也十分嚴峻，但東京都的電車仍是擠滿通勤的人，對於日本政府、企業、民間來說，「在家工作」是一個遙不可及的選項，儘管有70%的民眾在調查中表示對疫情蔓延感到憂慮，但根據厚生勞動省和LINE的調查數據顯示，只有5.3%的人能夠留在家裡上班。

按理說，以日本人謹慎小心的個性、自律極高的民族性，加上高科技大國形象，理應能迅速以對，如此輕看重大公共衛生傳染病實在讓人費解。

原本各界料想，或許是因為二〇二〇東京奧運之故，所以日本政府在防疫和旅遊禁令上顯得綁手綁腳，卻不料即便宣布東京奧運延期之後，政府仍然沒有大規模要求民眾在家工作。

日本佛系抗疫的反應，跟北歐國家瑞典和芬蘭想達成集體免疫不同，背後真正的原因是受制於日本企業對遠端在家工作的作業模式並未做好準備。

高科技大國，低科技職場

造成日本企業無法快速銜接遠端在家工作模式，並非單一因素造成，而是多種文化作用下的結果。

日本人通常把遠端在家工作模式稱呼為 Telework，從二〇一八年起，逐漸有一些日本媒體開始報導 Telework 的可能性，然而兩年後疫情爆發時，日本的遠端工作仍然僅限於極少的人口數，當地企業普遍仰賴封閉式的作業環境，大多數的公司並沒有遠端協作設備或是足以應付多數員工在家工作的對應系統，很多產業也未配有以遠端工作為核心的安全加密功能，根據日本媒體報導，比起電子郵件，許多日本企業更習慣使用傳真機。

香港媒體《CUP》採訪任職美、日職場多年的商業顧問瑞雪・蔻普（Rochelle Kopp）[*1]，她坦言科技落後是日本企業無法「在家工作」的原因，她指出「日本許多企業仍然活在二十年前，員工沒有筆記型電腦、公司電腦軟體陳舊、沒有 VPN 和遠距遙控伺服器。」根據統計，日本人大量依賴行動網路，行動上網涵蓋率世界排名第五，但家中固網涵蓋率卻只有 31.2％[*2]，固網系統的不普及，也使得在家工作的數據傳輸效果受到影響。

大量依靠紙本合約和用印流程也是難以數位化的原因。即使是像通訊軟體 LINE 這類走在數位科技前端的通訊軟體公司，每個月依然是上千份的紙本合約在公司等著用印，之所以難以使用歐美各國流行的數位合約取代，則與日本根深蒂固的「用印文化」有關。

事實上世界各國為了方便合約流通，已有各種數位合約、電子簽名、數位簽名等服務，歐盟 eIDAS（歐洲身份驗證與信賴服務）數位身份識別計畫有助於歐盟建立 EUTL（歐盟信任名單），至少有兩百間以上的公司可以提供有效的公、私數位簽章服務。

這樣的服務在日本無法被廣泛接受的原因是，印章（判子 Hanko ／印鑑 Inkan）對日本人來說，並不單純只是用印功能而已，更是「身份存在被具象化」的表徵，具有不可言喻的重要地位。

日本的印章分為三種：

1 實印 Jitsu-In

實印是非常正式的印章，必須跟居住地區的政府機構正式登記。在日本居住年滿十六歲的公民可以去政府機關登錄自己的實印，日後買屋、租屋、汽車登記、成立公司之類正式法律契約的場合，都需要使用實印，見章如見人，所以許多人會使用比較高級的材質來刻自己的實印。

2 銀行印 Ginko-In

顧名思義，銀行印就是銀行開戶以及辦理相關手續、金流所需要的印章，如果沒有這個印章或是遺失印章會非常麻煩，甚至無法動用自己帳戶裡的金錢。

3 認印 Mitome-In

相對來說，這是比較日常使用的印章，例如收取包裹時，會需要用印，就可以使用認印。

日本人的生活處處需要印章，而這樣的文化也存在日本企業裡，員工不能隨便把公司或部門印章帶回家裡，形同無法遠端處理合約議定等工作，回到辦公室上班是唯一能把工作處理好的辦法。

再者，日本職場文化特殊的團隊作戰模式，難以劃分個人任務執掌也是讓遠端工作較為困難的原因。

遠端在家工作最基礎的核心精神即是「獨立工作、自主負責」，根據完成度與成果來評判個人績效表現。然而多數日本企業習慣團隊的作業方式，不強調個人英雄主義，儘管每個人都很忙，但卻常是這邊協助前輩一點，那邊支援一些。更不用說許多日本女性畢業後在企業擔任「一般職」，負責影印、倒茶水、泡茶等職務，若在遠端工作的模式下，一切就顯得毫無必要。

管理層世代與新科技的脫節

在疫情爆發期，日本首相安倍晉三屢屢被質疑行政團隊辦事不力，其中尤以七十九歲高齡擔任日本IT大臣的竹本直一最受批評，許多日本媒體把竹本直一拿來跟台灣被譽為天才IT政務委員唐鳳做比較，唐鳳因為擁有IT長才，在疫情期間使用大數據協助疫情追蹤，不只製作專業的口罩購買地圖，協助口罩實名制等政策，也使用追蹤地圖讓民眾了解疑似個案的路線行蹤，以利防疫。

相較之下，在國會質詢時被問得啞口無言，還要靠外務大臣茂木敏充的小抄備詢過關的竹本，顯得對新科技十分無能為力。

日本媒體曾經詢問竹本的幕僚，為何認為竹本有能力擔任日本的IT大臣，其幕僚回應，「因為竹本平常都有在使用社群網站，Instagram 上也有許多跟名人的合照，推特的發文都是他自己手機寫的。」

竹本在就任記者會上宣布，要讓日本的印章文化仍與行政部門數位化共存，也被視為全面數位化的反指標。

除了竹本直一之外，二〇一八年時任資安戰略大臣、年過七十的櫻田義孝在受訪時也坦言，自己根本不會使用電腦，所有的工作都是下屬協助執行。

細究竹本直一和櫻田義孝之所以能夠在IT科技、資安等領域成為主事者，並非因為其專業，而是日本職場特有文化：年資與輩份使然。

日本職場特殊的「年功序列」，也就是按照年資安排升遷敘薪，比起員工能力高下，企業更在意他們對公司的忠誠度。此外經濟衰退和高齡化社會雙重衝擊，讓許多日本人即便年逾五十歲都未必等得到管理階層職缺。制度讓許多年輕人即便再有能力也難以行事，也讓新穎的科技趨勢潮流無法進入企業，職場數位轉型在日本遲滯不前。

對於科技大國日本來說，職場流程全面數位升級困難的不是研發，而是根本改造整體社會文化。

#遠端工作更需要建立主動氛圍

在家遠端工作有許多與日本職場文化相反的核心概念，例如傳統「終身雇用」、「年功序列」充分提供安全感，但對於採用遠端工作的企業卻不適用，不管是自僱或是受僱，在家遠端工作靠的都不是判斷職場氣氛、做人處世圓滑或對公司的忠誠度，而是個人獨立完成交付任務的績效。

比起受到企業照顧而讓職員感謝公司，遠端工作的模式更像是每個人全力發揮所長使公司能夠營運並擴張。換言之，某些中年上班族尸位素餐，只是到班卻無心上班的情形，若在遠端工作的照妖鏡下，將無所遁形。

職場安全感絕非在家工作者的首要，因為沒有了與同事、組員長時間面對面共處，確實可能會感到孤寂，但此時主動積極投入的態度就十分重要，每一個工作者都可以透過網路，使用搜尋、協作平台、線上討論區與會議工具，將自己需要協助之處表達出來，其他人進而支援，這些都必須要靠自己主動，不能有等著別人來幫忙的心態。

透過日本的案例我們獲得寶貴的借鏡，當企業想要打造遠端工作模式，亦或個人期待加入遠距職場生涯時，必須自問在設備、管理、文化和心態上是否都已做好準備，遠端工作可是場靠能力對決的硬仗！

1 〈在家工作？日本職場沒這種事〉，《CUP》
https://www.cup.com.hk/2020/04/07/japan-no-work-from-home/

2 'Fixed-broadband subscriptions 2016'. *International Telecommunication Union*. Retrieved on 16 April 2018.

4 在家上班沒效率？彈性上班提升兩倍生產力！

在成為接案者和創業之前，我曾在不同的產業工作過，包含廣告公司、媒體購買公司、非營利組織、電視台、外商行銷顧問公司和名列百大的電信三雄之一等規模大小不一的企業。

幾乎所有的公司在人力銀行網站上的簡介都會提到「公司以人為本」、「重視員工福利和個別需求」、「致力讓員工在愉快且充滿活力的環境裡成長」、「強調團隊精神，追求員工卓越」……

剛踏入社會時不懂，看到這些徵才文案特別容易動容，畢竟願意以員工為最優先考量的公司，怎麼能不讓人想投身其中呢？經過多年歷練後，再看到這類文字多半僅是笑笑略過，因為即便這話不是違心，要做到也不太容易。

舉個例子來說，我的職場生涯中就屬在尼爾森公司擔任媒體研究員時期過得最愜意，公司十分善待員工，管理人性化。在應徵尼爾森之前，我已經有幾個工作經驗，大致清楚自己的個性不好鬥、喜歡安靜把份內事做好，所以看來看去，「研究員」這個職務十分適合我。

還記得面試時，人資主管拿著我的性格測驗評量結果，皺著眉說，「你各方面條件都很好，是我們視為儲備幹部的人選，但我發現你的領導力和權力欲望這兩項特質分數特別低……這會讓我們有點傷腦筋……」

性格測驗評量的結果並沒有錯，我的個性既不喜歡管人，也不喜歡被人管；我總認為，即便是總監、副總、CEO 都只是一種職級，在中大型的組織裡，位置越高代表要面對的人事糾紛、辦公室政治之類的麻煩事越多。

真正讓我尊敬的不是職稱，而是一個人的人品和他所具備的實質能力，無論他是一人公司經營者，還是萬人公司大主管。

我壓根兒沒想到人資主管顧慮的：研究員總有一天也可能會變成主管，得要管理下屬。後來我還是錄取了，在尼爾森待了幾年時間，遇到不上不下的瓶頸，既不想往上晉升帶團隊，也不想獨自一人停留在原地看著同儕紛紛上位。在企業裡，無論自己內心的喜好如何，仍然不免被四周其他人的異動所影響。

回到企業的徵才簡介來說吧。

其實大公司要達到「以人為本」並不容易，究竟是以「哪個人」為本呢？員工、主管、總經理、股東還是客戶？不同的職務角色在某些衝突的關鍵時刻往往站在對立面；重視「個別需求」不免和「強調團隊精神」互相抵觸；更不用說「愉快環境」和「追求員工卓越」並重有多難實行。一個業績好、KPI 總是超標、員工個個充滿狼性求上進的公司，能有表面和平就不錯了，追求和樂融融根本不切實際。

有人可能會問，外商公司難道不是特別重視員工培訓、也常辦 Team building 活動建立團隊意識嗎？是沒錯，但外商公司重績效，開鍘裁員也未見手軟。近年有些知名外商科技公司更是大規模換血，陸續裁撤四十歲以上資深員工，新進人員僅雇用三十歲以下者。

這些簡介上與職場現況不甚相符之處，儘管讓人失望，但無奈的現實是：企業就像一台大機器，每個部門每一位員工，乃至員工表現出來的企業文化，都代表公司形象並實質影響營運結果，在公司欣欣向榮業績成長的前提下，個人的不便也常被視為合理。

像我有個長居倫敦的朋友小敏，因為中英日文都十分流利，在日本貿易公司倫敦分部工作多年。她說公司的員工福利挺好，唯一讓她無法習慣的就是每天早上都要全員起立，大聲朗讀十分鐘企業社訓，這類的強制性規定內化企業文化的方式，在亞洲企業很常見，但她有時仍不免念著念著，眼神會飄到窗外偌大的倫敦塔橋和歐式建築，看著路上英國行人來來往往，不免感到十分違和。

想要有真正以自己為本的工作型態，唯有一人公司或在家遠端工作。相對於多數企業本質上仍然是團體生活，必須以團隊或公司最大利益為前提，一人公司的機動性更高。

在家工作的好處，就是再也不用聽到「公司規定」這四個字，你可以訂下充滿個人化需求的規矩，也可以打造自己喜歡的工作環境與氛圍。

實現人性化的工作環境與規則

關於如何創造一個適合自己的居家工作氛圍，其實並沒有標準答案。

許多網路媒體會教導大家「如何好好在家工作」的秘訣，有些作者甚至建議大家盡量維持跟辦公室生活一模一樣的作息，或是午餐要吃得跟在公司上班時一樣，如果以前都吃三明治，在家也吃三明治。

關於這部分，我持保留態度。

並不是這些教戰守則說的沒有道理，但我想強調，不是所有的在家工作者都適用。或許對於短期因為疫情被迫在家工作，而想要避免日常作息脫軌的人適合，但對於長期的遠端工作者來說，並不需要如此嚴苛。

如果一切都模仿辦公室的作息，不如回去辦公室上班就好了。

在家工作最重要的是符合人性，照顧自己的真實需求。例如今天提早感覺飢餓，就早一點吃午餐；如果某天下午感覺特別睏，稍微給自己三十分鐘打盹一下也不是十惡不赦；若今天心情特別好，拉長午餐時間認真烹飪一道精緻的料理，反而對工作效率有所助益。

接案者或一人公司創業者的作息本來就有極大彈性，至於隸屬於企業的遠端上班族即便因為要配合同事而必須隨時保持警覺，仍可以為自己保有一些靈活調配的空間。

遠距工作，是一種完全依自我而生的工作型態。它並非辦公室生活的延伸，更應該是彌補辦公室文化不夠照顧到個人需求的部分。

以我自己的喜好來說，打造舒適的居家辦公室環境最重要的有幾點：

1空間裡有窗，採光良好

我是晨型人，習慣早起工作，腦子在白天運轉得比較好，因此擁有採光良好的空間十分重要，能夠依循日照自然調配作息（慶幸自己不是在永晝或永夜的環境）。有窗也代表空氣能夠流通，在天氣涼爽的日子裡，微風吹拂比在冷氣房裡舒服得多。

2安靜，工作時不放音樂

有些人工作喜歡聽音樂，但就我而言，寫作或撰寫課程、演講簡報的時候必須保持絕對安靜，否則思緒就會隨著音樂飄走。唯一的例外是寫小說時，有時播放悲傷的情歌能讓自己的情緒更飽滿、提高渲染力。

3空間整齊乾淨，沒有雜物

這點因人而異，若容易受到周遭環境事物的影響，最好盡可能將空間收納整齊，空間的佈置上可採單純色調、維持簡約，避免自己注意力無法集中導致心神分散。

但我也遇過一位朋友，喜歡把桌面疊得又高又滿，從外面幾乎看不到坐在桌前的他（簡直像是電影裡老教授的辦公室）。他說密不透風的空間和一疊又一疊的文件與書籍，會讓他感覺自己充實又忙碌。

4 不間斷的熱飲

熱飲具有撫慰效果，大概類似小孩子手上緊抱不放的小被子。一杯又一杯冒著煙的熱飲，即便只是放在桌前都能讓人感覺安心舒適。

5 一些啟動工作模式的個人儀式

除了空間環境的營造之外，有時搭配一些個人儀式會感覺被「啟動」了開關，能自然而然地切換進入工作模式。我的個人小儀式包括化個淡妝、穿上較挺的衣服、擦上特定的香水……

創造個人工作模式的儀式感，就像是被神仙教母的仙女棒點了一下，讓人能夠進入到截然不同的身份和狀態。（我們將在之後詳加說明關於「儀式感」的秘密）

#擔心員工在家工作只追劇？老闆你想太多

有些雇主採行在家遠端工作前，會擔心環境太過舒服而讓員工喪失生產力。某些不安全感較重的主管甚至幻想員工會賴在沙發上吃洋芋片看影集，但實情則不然，史丹佛大學的尼可拉斯·布倫（Nicholas Bloom）教授提出了讓外界大吃一驚的研究發現。這個洗刷「員工無法自律」的研究背景得從中國上海說起。

中國最大的旅遊網站「攜程旅行網（Ctrip）」旗下有一萬六千名員工，當時網站執行長認為寸土寸金的上海，辦公室租金實在太高，於是鼓勵員工可以留在家裡工作，如此一來公司辦公室面積不需太大，連裝潢費和管銷開支都可節省。

不過執行長也擔心在家工作導致員工產能變差，於是請來在史丹佛大學經濟系任教的布倫教授，設計出一套為期兩年的員工效能研究。在這兩年的研究中，員工依照生日的基或偶數被分成兩組，彼此先在家工作或在辦公室上班九個月，之後再交換過來。

兩年後，布倫教授發現：

1在家工作的員工成效比在辦公室工作高出13%

遠端工作不用通勤，也不會像在辦公室上班的員工時常因為遲到、早退、午餐時間過長，或跟同事聊天而分心，因此較能充分利用工作時間。

2實施輪流在家工作之後，離職率下降50%

通勤時間過長是許多員工主要的離職因素，部分在家工作之後，員工的滿意度提高、離職率下降，間接也讓負責招募、面試新人的主管階層輕鬆許多，人人都快樂。

3讓員工主動選擇要在辦公室或在家工作後，績效提升為兩倍

實驗一年半之後，攜程讓員工自由選擇自己想要的工作模式，喜歡遠端的就留在家工作，若認為在家工作較難專心的則回到公司上班，員工依據自己的需要來彈性選擇，結果是達到讓人驚艷的兩倍績效。

4 一人平均省下六萬台幣

攜程實施在家工作的核心目的是為了節省公司成本，最終的確達成目標。實驗期間，平均每人可以省下六萬台幣的費用，若乘上員工人數，的確對管控成本有極大效果。

除了布倫教授外，根據工作媒合網站 Airtasker 的研究報告*1也發現：遠端工作的員工平均每個月比在辦公室上班的員工多上班 1.4 天的工作時數，一整年下來足足多上了將近三週的班。

儘管有人說，在家工作的三大敵人分別是床、冰箱、電視。但許多遠端工作者其實並沒有想像中的缺乏自制力，他們都有促進自我生產力的小方法。有 37％的人認為稍微休息能讓效率更好；30％的人認為預先寫下工作待辦事項再一一打勾確認會很有幫助；也有將近四分之一的人認為每天都在固定的座位上工作最能提升生產力。

知名社群平台推特在新冠肺炎疫情期間宣布，如果員工希望，將可以永久地選擇在家工作，但倘若員工認為辦公室的環境更能提升自己的工作效率，也隨時歡迎員工「回家」。

到底辦公室是家，還是自己家才是家，恐怕每個人的答案都不盡相同。但身在這個時代無疑是極其幸福的，人們終於有更多的自由，可以選擇適合自己的環境，真正以人為本。

遠端在家工作
更有效率的方式?

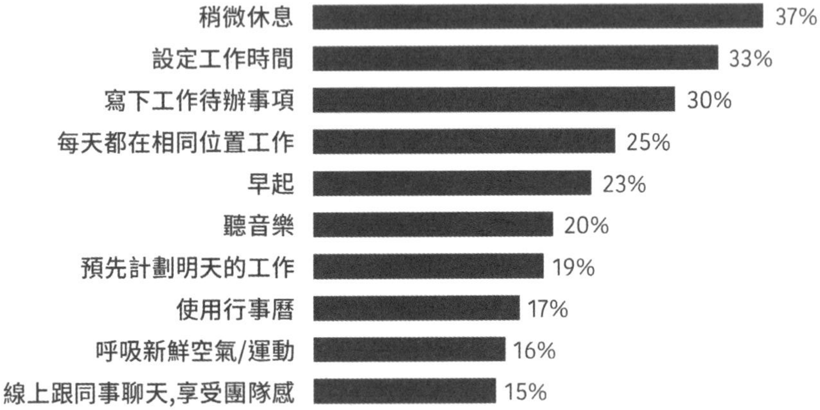

Airtasker. 'Comparing the productivity, spending and health of remote vs. in-office employees. '(N=505)
https://www.airtasker.com/blog/the-benefits-of-working-from-home/

1 Airtasker(2020). Comparing the productivity, spending and health of remote vs. in-office employees. https://www.airtasker.com/blog/the-benefits-of-working-from-home/

5 在家工作兩大難題：起床瓶頸&永遠無法真正下班

起初我對於歐美企業大規模進入在家工作模式其實是沒有信心的，多年在家工作的經驗，讓我領悟到靠著自律維持正常作息並不容易。就不說別人，光說凱文就好，他平時重睡眠，週末不設鬧鐘的話可以睡到中午也沒問題。

「這樣愛睡覺的人，在家工作真的行得通嗎？」真讓人擔憂。

其實許多上班族都有類似的情形，平日靠著公司表定上下班時間來維持一整天的節奏。比方說，為了趕九點到班，於是往前推算需要的車程和盥洗時間。假設車程需要一小時，盥洗時間需要四十分鐘，那麼起床時間就設在七點二十分。有時還會賴床十幾分鐘，壓縮了時間，慌慌忙忙趕著上班。

明知道不容易，但疫情當前不由得遲疑，比起我，恐怕企業主管老闆們更膽戰心驚。

我抱著觀察動物生態那樣好奇的心情暗自觀察凱文的遠距工作日常，據我推測，第一週興致勃勃面對新制可能還行，第二週開始心情稍微放鬆後，不習慣在家工作模式的人就會陸續遇到「起床瓶頸」，一如放暑假的學生。

開始在家工作的第一天早上，凱文大約八點半起床，睡眼惺忪地搖了搖代餐奶昔當早餐，刷牙洗臉後他把睡衣換掉，套上一件T恤，九點一到便準時關上房門，坐在桌前開始工作。

十點多左右，我幫他送杯熱茶進去（其實是想偷看他有沒有認真上班），他正在使用繪圖軟體畫一些我不懂的機械設計圖，看起來很忙碌的樣子。

午餐我做了白醬海鮮義大利麵，敲了敲他房門，喚他出來用餐。我們邊吃邊看了喜歡的 YouTuber 影片，吃完飯他給自己和我各煮了杯咖啡，又默默地走進房間，午餐時間不到一小時，繼續一路工作到傍晚六點。

真是太完美在家工作的一天了。

我說的「完美」是指，他的時間安排簡直跟在辦公室上班沒有兩樣，絲毫沒有鬆散或怠惰。

期間我聽到他講了幾通工作電話，全程使用英文，言談之中充滿專業感又不失幽默的語調，真是嚇壞我了，「怎麼我先生能有這樣談笑風生的一面呢？」實在太不像他了。

會產生這種違和感，大概因為平時我們在家都講中文，十之八九在亂聊一些不怎麼有建設性的話題。他對朋友雖然友善，但個性低調寡言且保守，講話速度也慢。因此在家工作的第一天就見識到他工作時的另一面，實在讓作為妻子的我感到相當意外，「我真是不了解自己結婚的對象啊……」

難怪許多太太都不懂，為什麼職場的小妹妹會崇拜自己的先生。

第一天的在家工作不只順利完成，也讓丈夫魅力值提升十個百分點。

第二、第三天凱文的在家工作生涯也都有模有樣地完成了。第四天，凱文起床時間大約是八點四十五分，比前一天晚了十五分鐘，但是卻加班到晚上十點；第五天他的起床時間是九點半，當晚仍然在趕工製圖加班到深夜，我只好獨自一人抱著美劇度過。

他連續兩天起床時間些微遞延，讓我內心略有不安，一方面擔心他會有起床瓶頸，另一方面又擔心遠端上班模式反而讓他無時無刻都在工作，減少下班後陪伴家人的休閒時間。

在家工作表面上看似簡單，彷彿只是換了工作的場域，但實情是：這樣的模式無論對企業或員工來說都是一門有待學習的學問。雇主應該如何管理「看不見」的員工們，使其保持高效生產力、凝聚團隊共識；員工又要如何維持紀律且完美切換在家工作和休息的模式，都是考驗。

第五天下班後，凱文走出房門跟我說，「部門主管說，下禮拜起大家每天早上九點都要一起線上開會，然後十點、十一點各有不同的計畫會議。」

「辛苦了，每天那麼早就要開會」，我對他說。

當然，每天早上九點的會議並非偶然，而是一種管理策略，讓分散在四面八方的員工能打起精神準時起床上班，維持該有的運作。

在家工作面臨的考驗

二〇一九年，Buffer.com 網站調查兩千多位來自歐、美、亞洲十餘國、不同公司的遠距員工後發現[*1]，在家工作其實不像 Instagram 上面呈現「#工作生活平衡」照片那麼輕鬆，遠端工作常被幻想得太浪漫。

超過五分之一的受訪者認為要清楚區分上下班時間是非常困難的；另外近兩成的人認為，在家工作缺乏人際互動，所以時常會感到孤單；也有不少人認為遠端工作比較不易合作跟溝通。

雖然很多人認為「可以彈性分配時間」、「能兼顧家庭生活」是在家工作最棒的優點，但反過來說，「如何在下班之後切換為休息模式，好好放鬆」卻也是遠距工作讓人最煩惱的事。

覺得遠距工作
最困難的部分？

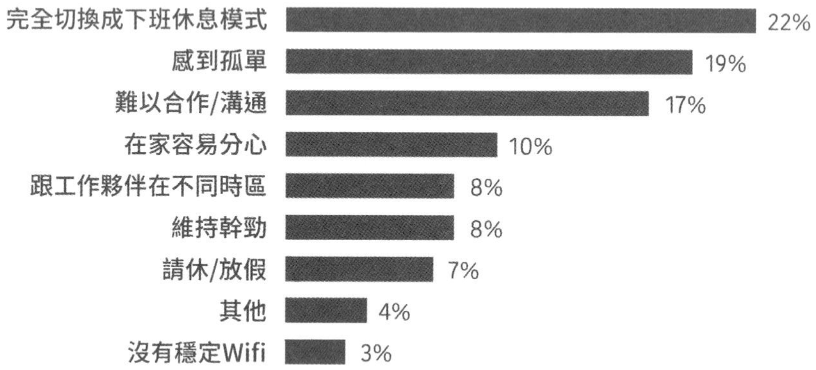

State of Remote Report 2019
buffer.com/state-of-remote-2019

以往在辦公室上班時，辦公大樓建築物是一種象徵，而「走進辦公場所」這個行動則是一種儀式，清楚隔開了你的日常生活以及職場世界。

上班時需要接聽公務電話、回覆工作 Email、撰寫企劃案、程式碼或規劃工作草圖，下班時則是私人時光，其他工作上的事盡可能一切明日再說。除了某些特定的工作性質或是職場文化必須時時待命，否則公是公、私是私，一分為二簡單明瞭。

在家工作時，公與私的界線變得模糊，從床鋪到電腦的距離很可能只要十秒，平日就算不工作電腦也開著，差別只在於視窗的不同。想要休息隨時可以休息，想要工作也隨時可以工作。

有時或許白天需要處理一些私人事務，導致晚上才能趕工；亦或者因為工作做得正順手，所以忽略了下班時間，但由於人在家裡，沒有同事陸續離去提醒你下班時間已到，也沒有中央空調關掉讓你熱得想離開，更沒有辦公室謠傳的鬼故事傳說讓你感覺心裡毛毛，拔腿想跑。

你待在家裡，穿著隨時可以上床睡覺的衣服，泡上一杯熟悉的咖啡，繼續挑燈夜戰工作下去。也許，臨睡前看到手機跳出一封來自另一個遠端工作或不同時區同事的 Email，怕睡醒隔太久，於是順手趕緊回一下。即使是在休假旅遊時，也時常不知不覺又開始工作。

也不是只有一般員工會有這種困擾，許多主管因為團隊裡有遠端工作的下屬，常會在半夜、清晨或假日收到公事 Email 而覺得精神緊繃。

想兼顧生活與工作常見的副作用，是兩者界線的模糊混淆。

#自律不夠，還需要對他人劃下界線

比起凱文，我算是在家工作的老手，六年多前從企業離職後，因緣際會受邀出書，正式開始在家接案的生活；接案兩年後，才因為業務範圍擴張而成立公司。

從作息毫無彈性的白領上班族，突然變成必須自我約束的超級自由業，我就像剛學腳踏車的孩子突然拆掉輔助輪，搖搖晃晃、重心不穩地向前踏，偶爾摔跤。

再也沒有表定上班時間。

再也沒有中午一個半小時午休限制。

再也沒有不能在廁所待十分鐘的自由。

再也沒有下班時必須確認老闆已經走人才好意思離開的表面文化。

再也不用清晨或假日收到老闆的訊息還要立刻回覆。

當然，也再沒有月底安穩等薪水入帳和期待年終獎金的事。隻身站在戰場上，面對有做有錢領，沒做沒人挺的處境，我只能要求自己把生活開銷和消費慾望降到最低，並對自己採取最嚴厲的生活作息。為了怕自己怠惰懶散，我訂下早起的目標，夏天早上五點起床、冬天遞延一小時六點起床，這作息比我當上班族時還嚴苛。

就這樣執行了至少三年。

每天我不是被夢想叫醒，而是被恐懼喚起。深怕自己若失去紀律就會從一人公司變成無業遊民。

那幾年我幾乎有案子就接，有專欄就寫，能賺的錢就賺，從早工作到晚，不管廣告公司、客戶晚上加班幾點打來，我都滿懷幹勁和對方討論溝通；

不管我人在餐廳還是在百貨公司，隨時都能把筆電拿出來趕稿子；晚間十點的電視綜藝節目通告我也照接不誤，有時等待加上錄影，收工都已凌晨；週末則塞滿各種演講、一日店長之類大大小小的活動。

大家稱讚我是拼命三娘、瘋狂鐵人，我也視「工作狂」是一種至高無上的讚美。

努力是美德，不是嗎？能賺錢而不賺，簡直就是天理不容的浪費。

直到大病一場，醫生警告我不能再這樣提早預支自己的健康，才讓我對工作按下暫停鍵。

那天我一個人坐在醫院窗邊，茫然不知是否該接受手術，突然反省起自己的生活：

為什麼我明明擁有全世界最有彈性的工作卻反而動彈不得，忙到生無可

戀、精神疲憊，只能一個人在醫院眼眶含淚？

難道未來的某一天，我會這樣孤單的死掉嗎？

朋友會在墓碑上寫「她為工作而死」嗎？

比悲傷還要悲傷的事，是死前沒有活出幸福的模樣。

那刻起，我決定對自己好一點，反正只要別想著非要賺錢賺到極大值，其實就自由多了。慢慢地，對於工作和生活的劃分，我逐漸形成一套自己的新哲學。（能自己訂定和改變規則也是在家工作的好處之一）

例如盡可能早睡早起，但不再硬性規定非要幾點起床不可，如果今天想睡到七點半，那就七點半吧。如果某一天特別好睡，想睡到九點也無不可，不再因為多睡了半小時而感到內疚或自我感覺不好。

利用白天精神好的時候吸收資訊和知識，回覆Email、開會、寫作，或上節目通告，傍晚五點以後停止工作。手機則在傍晚六點後直接進入勿擾模式，公事訊息隔日再回。

除非有時需要配合其他時區的工作夥伴，否則盡量讓每天工作時段維持在早上九點到下午五點之間。週末也盡可能減少工作行程。確保自己的生活有足夠的休息時間。

儘管對在家遠端工作的人來說，清楚區分工作和生活的時間並不容易，訂下基本規則將會有助依循；也別忘了對他人設下界線，確保你可以長期維持規律，如果你不主動，規則的決定權就會在他人之手。

1 Buffer.com於2019年執行「遠端工作現況」報告。2471份有效問卷，回覆問卷者均為遠端工作員工。

6 請建立自己獨一無二的儀式感

坊間有一種文章總是被瘋狂轉傳，標題不外是《成功人士的五個習慣》、《想成功先做到以下N點》……常被提到的不外是國內外知名企業大老闆或重量級人士，例如賈伯斯(Steve Jobs)、提姆庫克(Tim Cook)、歐巴馬(Barack Obama)、歐普拉(Oprah Winfrey)等人。

我們可能早已倒背如流：賈伯斯會在每天起床之後好好整理床單，問自己「如果今天是最後一天，我想怎麼過？」；庫克會在每天凌晨四點前起床，讀Email、做運動、寫訊息給員工；歐巴馬早上不喝咖啡只喝綠茶、歐普拉要花幾十分鐘先做冥想然後來個高強度運動。

如果你是這種文章的愛好者，並且照著這些名人的習慣做，我相信你很快就會發現：根本沒什麼用。

實情是，他們不見得因為這些特定的日常習慣而成功，往往是因為他們先成為響噹噹的人物，才被放大（或強化）了這些習慣的重要性。

而且我們還合理懷疑，這些習慣不見得每天都按時發生，早上賴床睡過頭、什麼事都沒做只看了幾集 Netflix 過了懶散的一天這種事，成功人士不見得會告訴你，自傳也不會寫。就像賈伯斯當然不可能每天早上都問自己「如果今天是最後一天要做什麼」，否則他可能需要先看心理醫生。

儘管不用將這些名人的生活常規奉為圭臬，但建立一些屬於自己喜歡的小儀式確實有助於提升工作效率，幫助自己轉換不同的心境。

管理學界曾有一篇相當經典的研究*1討論個人在生活、職場工作與社交人際不同角色間的「微轉換」行為。所謂的「微轉換」指的是相對於退休、被升遷這類重大改變之外，天天發生在日常裡的身份切換。人們會依照在不同的場域裡扮演不同的角色，並產生適合該角色的身份認同。

例如說湯姆在家裡的身份是一個有十歲女兒的爸爸、老婆的丈夫；在辦公室則變成五個員工的主管、執行長管轄的下屬、通路的供應商、製造廠的客戶；在教會活動裡，這個男人是兒童主日學的志願服務者，孩子眼中的「啤酒肚叔叔」。

同樣都是湯姆，卻因為場域不同（家裡／辦公室／教會）而扮演不同的角色。不同的場域會對應不同的時間、地點和目標，通常角色和角色之間並不會相互滲透，例如在辦公室的時候不會和當爸爸的身份混淆，在教會當志工時也不會突然擺出主管的樣子。

然而在跨越這些角色界線時，人們需要一些小小的儀式來幫助自己做心理準備。

比方說，上班通勤（無論是騎機車、開車或是搭乘大眾交通工具）的移動過程就是一種儀式，提示人們即將轉換成工作模式；又或是換穿上職業制服或西裝，例如空服員、專櫃人員、銀行員、工程維修人員……除了讓外界易於識別，對個人內心也有切換角色的效果。

透過儀式，我們能夠從一種狀態切換為另一種，就像電影裡催眠師的彈指效果。儀式也是心理學中的自我暗示，幫助自己在進行角色切換時，穩定情緒，做好面對下一刻的心理準備。

這些儀式可大可小，越是需要日復一日重複進行的事，儀式往往更加尋常，對某些上班族來說，上班途中一杯星巴克咖啡可能就是切換鈕。

透過儀式感建立 ON/OFF 心理疆界

對長期在家工作的人來說，由於生活與工作幾乎發生在重疊的空間和時間，角色極易混淆，因此「切換的儀式」更為重要，才不至於「公私不分」。當然，就像前文提到的，在家工作最重要的是符合人性，照顧自己內心所需，所以能觸動每個人切換開關的儀式也未必相同。

我個人每天上工的儀式大概可以分成幾點：

1 好好吃完早餐

早餐是介於起床後直到工作前的重要活動，沒吃早餐就像一直無法從床上切換到日常生活裡，換句話說，當舒舒服服的吃完早餐後，心理狀態才會自動轉換成「好了，準備上工！」

當然，我也知道有許多人並不這麼看重早餐，甚至一遇到重要活動或任務時，往往跳過用餐以免讓自己太過放鬆，無法保持警醒。

用餐不只是生理上餵飽肚子而已，也是心理上「切換」心境的關鍵。

2 維持桌上一杯熱飲

結束早餐後倒一杯熱美式走入工作室，意味提醒自己要開始工作，保持清醒。時時在工作桌放一杯熱飲，不光是為了補充水分，更像是一種「陪伴」。當熱飲散發著氤氳熱氣，能讓人感覺振奮，將滿滿的熱血和創意躍然紙上。當熱飲涼掉時，則讓人感覺到該休息一下的時刻。

專家建議，在家工作的時間應該以二十五分鐘到四十五分鐘為一個波段，拉太長容易過度疲勞，太短又無法維持效率。熱飲的功能也像沙漏，讓自己一個波段又一個波段的維持工作韻律。

3 微專業裝扮

穿著睡衣工作是無法讓精神抖擻起來的。儘管在家工作不必穿制服或套裝，但換上一套「微專業」的裝扮絕對有「入戲」的效果。

無論身在何處，當你「演」的是一個專業工作者，就必須顯露「專業」的樣子，衣著則是自我暗示的關鍵。一件有領子的上衣，或是還算新的T恤，都有助於幫助自己進入狀態。

4 工作專屬香氛

我習慣將香水分成不同的情境使用，和好友外出用餐時，點上 Jo Malone 的紅玫瑰香水·，在家工作時我最常使用的是 Santa Maria Novella 的 Cinquanta，這款為了紀念義大利佛羅倫斯和日本京都結為姊妹市五十週年而出的紀念香氛，帶著梔子花、橙花和淡淡木質香調，清新舒服之餘也沈穩。

人的嗅覺是五感傳遞中唯一不經過視丘的，也是最能直接讓大腦產生刺激——反應、情緒記憶的感官。

心理學上認為香氛可以連結人的心理與肉體，一篇刊載於《環境心理學》期刊的研究[*2]證實茉莉花和薄荷的氣味可以讓人恢復活力、橙類香氣可以縮短人的反應時間、薑味有助消除疲勞、肉桂可以幫助專心、檸檬味則可以減少錯誤。用香氛作為開始工作的暗號，身體自然而然就被制約，一聞到熟悉的香氣，心情和大腦就會立刻進入設定好的狀態。

5 關閉電腦和手機通知

在每天開始工作之前，我會手動將手機和電腦都轉成靜音，工作的視窗開成全螢幕，避免自己被其他訊息或網頁吸引走。小小的舉動，也象徵自己遁入遠離外界喧囂，進入到只屬於自己的世界。

人類的大腦是天生的分心專家，因為分心要比專注來得簡單得多[*3]。要想專注，人必須控制大腦的兩個部分，其一是選擇「專心的對象」，判斷每件事情孰輕孰重的是大腦的前額葉皮質，一旦前額葉皮質必須做太多決定，就會產生決策疲勞；比選擇專注目標更難的是必須「不受外界干擾」，我們的日常總是不斷被各種聽覺、視覺、嗅覺等環境因素干擾，簡訊通知則是其中力度相對強的吸引元素。

當我們手邊正專注於某件任務時，卻傳來訊息通知，將會造成我們的大腦更強烈想去一探究竟的欲望，即便明知道可能只是完全不重要的廣告簡訊或群發信件，我們卻仍然控制不住自己。就像有人叫你不要想北極熊，偏偏腦海中立刻跳出北極熊的畫面一樣[*4]，湧出滿滿想要立刻分心的渴望，只為了看一眼訊息通知到底是不是如你所料是個垃圾訊息。

這也是在家工作相較於在辦公室上班的好處，出外上班通常極難營造完全不受打擾的空間，電話來了要接、Email來了也要時時留意、同事走來走去或不斷敲來訊息都讓手中的事一再被打斷。

觸發工作開關的生活習慣

我們總以為是那些在人生轉彎處的重大決定造就了現在的自己，卻忘了，真正持續形塑一個人的，往往是在日常生活裡的各種小習慣。無論是刻意培養或不經意重複的生活習慣，在不知不覺中把我們推向某一個方向。

神經科學家拉里．斯奎爾（Larry Ryan Squire）的無意識記憶實驗常被各界引用，斯奎爾教授對兩名具有長期記憶障礙的患者進行實驗，這兩位受試者的共通點是會一直重複地問相同的問題，即便得到答案之後，也會立刻忘掉，幾分鐘之後又反覆問一樣的問題。

教授與他的研究團隊在這兩位患者身上進行關於人類「習慣」的實驗，由於這兩人都無法靠記憶來學習，因此特別適合作為單獨觀察「重複動作」是否真的會讓人在無意識中學習，進而養成習慣的研究對象。

研究發現，只要花上大約一個月每天不間斷做重複的事、進行一模一樣的活動，受試者就能下意識的自動重複行為，儘管當教授問他們「為什麼這麼做？」時完全回答不上來，也絲毫不記得自己這一個月來每天都在重複做這些動作。

當人們養成某些習慣之後，許多行動都會如同設定好的程式碼般順利地自動展開。如同在家工作者的各種儀式，除了是觸發切換的開關之外，也是人們啟動後續慣性行為的一個刺激。

倒了一杯熱飲，腦子自然而然進入工作備戰狀態；擦上特定味道的香氛，就是該打開專案或稿件的時刻‧,播放某種旋律的音樂，心思意念自動沈浸在工作模式中……

儀式感可以參考他人的做法，但不需要完全照抄模仿，每個人都有各自最容易被觸動的關鍵，需要細細觀察。將儀式融入每日的作息，養成習慣，便能輕鬆掌握在家工作的 ON 和 OFF 切換開關。

1 Blake E. Ashforth, Glen E.Kreiner & Mel Fugate. (2000). 'All in day's work: Boundaries and micro role grasitions'. *Academy of Management Review*, 25(3), 472-491.

2 Adrianna, Ning, Maureen& Lauren. (2018). The impact of coffee-like scent on expectations and performance. *Journal of Environmental Psychology*. 57, 83-86.

3 卡薩琳・普萊斯《和手機分手的智慧‧‧從此不再讓手機蠶食你的腦神經、鯨吞你的生活－30 天作戰計劃》，大塊文化出版。

4〈北極熊效應〉為美國哈佛大學社會心理學系丹尼爾・魏格納教授的知名實驗。受訪者被要求不能想像一隻北極熊，結果反而讓受訪者的心理立刻出現北極熊的樣貌。

5 Peter. J. B & Jennifer. C.F. & Larry. R. S. (July, 2005). Robust habit learning in the absence of awareness and independent of the medial temporal lobe. *Nature*.

7 工作、家事一把抓？在家工作者容易陷入的「主婦困境」

我不想讓你誤會，以為在家工作都是美好的一面。

在家工作者要自律不容易，當家裡有兩個在家工作的人時，更難的是不爆氣。撇開那些極少數住在五十坪以上大空間裡的人不說，在有限的住家環境共處二十四小時，特別容易相互干擾，對雙方的感情和工作成效都是挑戰。就拿凱文在家工作的這段期間來說，我完全不能像獨自在家般隨心所欲。

他每天早上固定有幾個會議，九點跟主管一對一開會，十點和部門同事團體會議，十一點之後又有許多不同的專案討論。為了不打擾他開會，我必須留意煮咖啡磨豆機的聲音不要太大聲，走進房間時也不能邊開門邊跟他說話；當他在客廳視訊時，我得確認自己的行走動線，避免從他背後走過去。當然，他也得適應不能隨意走進房間打斷我的寫作，作家的靈感是一種氣場，莫名的聚集也極易消散。一旦打斷，又要重新醞釀。

某位朋友抱怨丈夫完全不顧及她在家工作的處境，老是在她開語音會議時用果汁機或看電視，偏偏家裡又只有客廳Wi-Fi訊號最強，彼此爭執頻繁。

肺炎疫情爆發時，上海出現一則新聞：大規模採行在家工作後，許多夫妻相看兩厭，糾紛不斷，戶政單位的離婚申請人數也創下新高紀錄。

我的在家工作步調並不像凱文的行事曆那樣緊湊，小公司簡單得多，很少一個會議接著另一個會議。如果不是特別忙，我盡量一天只安排一件重要的事，給自己多點空間，讓腦袋一次專注在一件事情上。

如果是我一個人在家，早上通常看報、寫作和回覆Email，中午時間簡單燙個青菜、蛋或肉就解決，晚餐等凱文回來再好好下廚，一天就忙晚餐一次。但現在不同了，先生在家工作。我一個人可以吃得簡單隨意，但兩個人在家，三餐都得好好打理。

一早起床我就得思考中餐要吃什麼，拿什麼出來退冰，還不能跟晚餐重複；工作到中午十一點半，就得放下手邊的事，到廚房料理午餐，至少兩道菜。下午又得再重複一次早上的流程，想想什麼要退冰，哪些要去超市採購，還得稍微規劃一下明日的菜色。

他在家遠端工作，關上房門專心開會、畫設計圖；我的工作量不但沒有減少，家務還不減反增。幾週下來，我這個原本在家工作的人，卻因為多了一個「在家工作的伴」感到疲憊不堪，屢屢忍不住想發怒。

我不開心，或許是因為我沒有那麼多不開不行的會，可以把自己鎖在房裡不問世事。

我不開心，或許是因為先生習慣家裡的烹飪工作由我處理，所以順便弄個午餐也貌似合理。

我不開心，或許是因為誰先看不下去這些家務事，誰就得先去做。

我不開心，或許是因為我對於凱文在家工作懷抱太高的期待，想說他既然都在家了，應該可以多負擔一點家事。

這種形態本質上是不公平的。

舉個例來說，明明白天時段兩人算是「同事」（假設家就是商務辦公室），彼此都在工作，所賺的錢也都用來供給家庭。但其中一個人貌似高級上班族只顧開會，另一個卻要負責公用區域的打掃、伙食，還得顧及自己的工作進度。儘管這或許是無意識造成的分配結果，卻會讓後者感覺自身受到輕視，覺得自己手上的工作不被看重。

#反正你在家工作就多幫忙的「主婦困境」

雖然上述的例子像是兩個在家工作的人分工不均，但問題的癥結點並非僅是雙方一起遠端工作，**而是在家工作者的職業屬性被忽視，且家務分工落入傳統刻板印象**。

德國 The Hans Böckler 基金會發布了一份研究[1]，發現無論彈性工作或是在家工作，男性都比女性更容易發生加班超時工作的情形，女性則沒有太顯著的差異。但在照顧孩子方面，如果媽媽的工作性質屬於彈性工作或在家工作，平均每週會比在公司上班多花 1.5～3 小時照顧孩子，父親卻不會因為工作地點的不同而在照料孩子的時間上有所改變。

換句話說，在家或彈性上班的模式某種程度加深了傳統性別角色分工，在家工作的女性更理所當然的被想像成職場與家務都應該兼顧的角色，而同樣遠端上班的男性卻可以整日放心在家工作、開會、講電話，除非他有一個工作能力強、收入優渥且老是在辦公室加班的太太。

很多人都忽視，其實在家工作也還是在工作，心思綁在眼前的任務上，思考著應該如何完成手邊的工作，努力達成客戶需求與預定的成果。儘管看起來是坐在家裡舒服的工作椅上，但大腦全神貫注的狀態跟在辦公室並無二致。去接小孩、超市買菜、打電話請水電工來修繕這些家庭勞務都會打斷工作節奏、改變工作氛圍、拉長完成時間甚至影響生產力。如果一般人不會在辦公室上班上到一半去做家事，在家工作的人又為何要被期待能夠兼顧這些任務？

主動建立被尊重的身份

對在家工作者來說，或許透過不同的小儀式就能跨入工作模式；但就旁人看來，那條「在休息」或「在工作」的界線，或許未必清晰。在家工作者必須主動為自己的職業立場發聲。有時身邊的伴侶或家人並不是惡意忽視我們工作的重要性，只是沒有注意到原來在家工作也同樣有職場上的壓力。

以下幾點有助於在家工作者經營伴侶關係，減少因為不了解對方的狀態而產生摩擦：

1 設立清楚的時間界線

無論是單獨或是兩人在家工作，彼此必須要設定明確的時間界線。

就像去辦公室上班有上下班時間一樣，在家工作的人也必須讓家人知道，何時是自己不想被打擾的工作時段，例如早上九點到傍晚五點之間請勿干擾；下班後則可以進入家庭模式，相約看電視、一起用餐、共同協作家事。

2 設定地域界線

在家遠端工作的人必須劃下一個屬於自己專屬的居家辦公空間，不管是單獨的房間或只是餐桌某個特定的座位，都應當讓同住的家人知道，在工作時間裡，這個空間就是你的辦公區，任何會影響你上班心情的事情（包括聲音、氣味、視覺），都應當避免。

居住空間充足時，自己擁有一個獨立的房間作為工作室當然是最理想的狀態，但倘若家裡不夠大，只能格出一個小角落，也務必尋找一個光線充足、能自在工作的一隅。

3 主動宣布下班

遠端工作不像在辦公室上班，回家踏進門就是一個明確的「下班儀式」，為了避免家人不知道何時方便跟你互動才不致於打擾，結束上班時段之後，可以主動說句「今天工作結束了」，象徵工作模式已經結束，將更有助於家人切換心情轉換鍵。

4 列出清楚的家務分工

制定詳細的家務分工，劃分每個人應該在什麼時間、完成哪些責任分擔，才能避免所有的家務都落到在家工作者的頭上。如果家裡有孩子，也應該讓孩子儘早加入家務分工的「榮譽名單」上，讓孩子明白，做家事是擔任值得讚許的角色，而不是一件苦差事。

當然在家工作者也要避免因為自己在家時間較長，所以很多事情「看不下去」而捲起袖子就做了的衝動。要記得，一旦做了，就是剝奪其他人負責家務的機會，也是卸下對方的責任、養成對方不幫忙的習慣，徒增自己心理不平衡的怒氣。

伴侶一起在家工作或許能讓彼此更親密，兼顧工作與生活，卻也可能讓彼此的關係備受考驗。究竟會增加出生率還是提高離婚率，就看彼此能否尊重對方的居家辦公場域。

1 Yvonne Lott, Anja Abendroth. (2019). Reasons for not working from home in an ideal worker culture: Why women perceive more cultural barriers. *WSI Institute of economic and social research*. Hans-Böckler-Stiftung. (No. 211)

8 由內而外
全方位打造在家工作的專業感

在大公司上班時，我們很容易區分那些有野心和沒有野心的同事。企圖心強的人有一些共同的特質：永遠穿得衣裝筆挺、認真開會、把握發言時機展現自己、願意更早上班或更晚下班，甚至不惜犧牲私人假日時間奉獻給公司；沒有野心的同事通常躲在辦公隔板裡，頭永遠壓得低低的，即使自己在信件副本裡卻永遠不出聲，下班時間一到，立刻拎著包包走人。

在家工作其實也有這樣的區別，只是要維持專業感更加困難，少了必須走進辦公室給同事看的需要，不用顧及大家欣賞或批評的眼神，很多人在家根本不會化妝、梳頭、穿套裝或是高跟鞋，有些人甚至好幾天才洗一次頭髮，永遠穿著同一件寬大的T恤。

若是分別與辦公室上班族及在家工作者開視訊會議，可以明顯看出兩者之間的差異：辦公室上班那位即便氣色看起來略顯憔悴，卻肯定上了妝、穿著搭配過的衣服，一副隨時可以上場出征的樣子；而在家工作的往往像是下一秒就要去健身房或接小孩的裝扮。

我和凱文在家裡工作時，兩人的裝扮天差地遠，我總是上點淡妝，身上穿著隨時走去商店也不會害臊的衣服；他則不然，身上常是一件洗到失去靈魂的白色內衣和短褲飄來盪去。如果他反常穿了 POLO 衫，肯定是待會要視訊會議。倒不是工程師特別不拘小節或沒有野心，只是平常受僱大公司，偶爾在家工作，不需要刻意維持一種有朝氣的形象；我則不然，因為長年都在家上班，反而更要求自己要「有點樣子」，維持專業感，彷彿沒有明顯的上下班區隔，日子就真的要過得不清不楚了似的。

有些在家工作的人只在意腰部以上的視覺呈現，疫情期間美國大型零售商沃爾瑪就公布自己的銷售數據[*1]，他們發現，由於大家都改成線上會議，導致上衣的銷量增加，但購買下半身衣著的訂單卻明顯減少，Adobe市場分析[*2]也發現，這段時間全美國的睡衣銷售提升至143%，但褲子銷量下跌13%，女生內衣也減少12%。

#建立舒適但充滿專業感的形象

在家工作最吸引人之處不外乎由內而外的三舒：舒適、舒服、舒坦。環境要舒適、衣著要舒服、心情要舒坦。

材質部分，依據季節氣候以及室內是否開空調做選擇，夏季可選擇純棉、棉麻或彈性聚酯纖維，涼爽透氣剪裁；冬季可以穿著鋪棉或是抓毛絨布料，搭配天鵝絨或皮質的室內拖鞋，提升溫暖的幸福感。我個人在夏天時偏好棉質上衣搭配過膝軟布長裙的裝扮，或是穿著及踝無袖長洋裝，需要視訊或外出開會時，外頭可以隨時搭上一件白襯衫或有領子的外搭上衣即可。

男性在家工作可以選擇棉麻襯衫、舒適的 POLO 衫或有型的 T 恤（穿太久已經掉色、失去原本的形狀、荷葉邊請考慮回收或丟棄）；下半身可搭配長度及膝的工作褲，若需要外出再換上全長的褲子。

無論男女，兩件式的穿搭都能快速營造視線層次感，上衣外面加上一件牛仔外套或休閒西裝外套都是快速變裝、公私兩用的聰明休閒穿搭法。

另外容易被忽視的是髮型的打理，有些在家工作的人幾天才洗一次頭，使頭髮出現邋遢或根根分明的油膩模樣，不只會散發異味，在專業儀容上更是極大扣分；男性的頭髮若不想天天抓髮膠，也要定期修整成容易梳理的髮型，最重要的是，蓄鬍不是不行，但鬍子的造型若疏於照料「雜草叢生」，反而更容易被人認為是邋遢在家，疏於自律的表現。

一個連自己的毛髮都打理不好的人，如何讓人放心把預算或案子交給他呢？

自僱者如何讓專業形象加分

衣著與外在形象雖然是建立專業感的重點門面，但並非唯一的元素，以接案、自僱者、小型創業者這類在家工作型態來說，還有許多小細節會透露出你是否「專業」。

1 Email 信箱網域

如果說衣著是一個人給外界的第一印象，對於在家工作者來說，Email 常比第一印象還要更前線，因爲無論透過網路口碑、人際介紹或是網頁搜尋而來的客戶，你不一定有機會與他們碰到面，但大多都會以 Email 保持聯繫，當 Email 在@後面的網域是免費網站（例如 gmail.com 或 hotmail.com），便容易讓人感覺：**你是個便宜的接案者。**

這種「感覺便宜」的原因來自免費信箱的不專業感，只有想省錢、尚未完整組織化經營的人才會用免費信箱，除非你已經是該領域赫赫有名的好手，具備相當高的知名度，或許不需要靠這些小細節來妝點自己（就像賈伯斯天天穿黑T恤也沒人敢小看他），但倘若你只是一個正在成長期的自僱者，透過一些方式讓自己看起來更專業是十分必要的。

我是屬於先建立起個人品牌才開始組織化經營的例子，照道理來說並不需要特別擁有一個Email網域，但我還是申請了，並且乖乖繳納網域費用，原因在於儘管我不需要，但我的同事、夥伴在面對外界時仍然需要一個像樣的身份，當他們拿出名片來的時候，不至於讓客戶或合作夥伴覺得他們像烏合之眾，而能獲得和其他商業夥伴同樣被尊重的專業地位。

2 名片的質感與職稱

當你有機會當面見到客戶，或去產業相關的活動／研討會時，與他人交換名片的機會是很重要的。在交換名片的過程中，我們會先在心裡打量對方的狀態，有點像是參加盲目約會或相親，短時間內就要立刻決定是要在心內給這位陌生人一個位置，或是直接將他拋到腦後？

名片就是一個這樣看起來微小卻又有不可言喻重要性的存在。

我有個朋友就是以遞名片作為交流的開端，而在飛機上追到空姐太太，他說，如果只是跟對方隨意聊天就想要到電話，企圖太過明顯也容易流於輕浮，但因為他以作為公司總經理的商業習慣，在談話後遞上名片自我介紹就很合理，對方若有意便會主動打給他。

一張名片可以扭轉乾坤，這是因為名片也是個人形象的重要環節，或許你會認為自己又不是什麼大企業的總經理，不過是家小公司，但不用擔心，名片的細節並不只有職稱。

名片的質感，就代表你的質感。

所以名片最好經過專業的設計師設計，且紙質不要貪圖便宜選擇最薄的材質，稍具磅數厚度才能顯示質感。

另外，也不宜做得過份花俏，有些設計師為了彰顯自己的設計才華，把名片設計得奇形怪狀，反而讓人無法一眼看到重要資訊，如果名片讓一般人難以接受，反而自曝其短，顯示自己不懂名片在商業場合裡最重要的功能：先是讓人看得到資訊，其次才是藝術性。

許多自僱者因為擁有多項才能，身兼多種斜槓，所以把各種職稱全列上去，例如：

會計事務所負責人／紅酒講師／體適能教練／商會總幹事／街頭藝人

王大凱

你發現了嗎？雖然這張名片相當節省，把所有職銜都印在一起，甚至也滿足了王大凱的自我感覺良好，快速介紹了他的各種天賦，但對於收到名片的人來說，其實是眼花撩亂，無法立刻抓到重點，更重要的是，如此一來反而讓每一個職稱都顯得不怎麼專業。

要記得，現代社會大家都很忙，沒有人有空回家盯著你的名片欣賞三十秒，所以迅速有效溝通是商場致勝關鍵。一張名片最好只有一個重點職稱，或至多不超過兩個，且如果同時放上多個職稱，最好職稱之間有緊密關聯。例如說：

彩妝師／婚禮新秘

Sandy Chen

彩妝師跟婚禮新秘這兩種工作性質彼此有高度重疊，但婚禮新秘更加貼近大眾、鎖定婚宴場合，因此同時放在名片上便有補充、擴展市場的效果。

當然，如果對於目標是走強調藝術性的高端時尚彩妝的工作者來說，即便有時也做婚禮新秘的工作，但或許不用在名片上特別加上職稱，而能透過簡潔俐落的「彩妝師」展現有點距離、有些神秘的形象。

如果真的有多份工作並具有各種斜槓，該怎麼處理名片的眾多職稱呢？

我會建議，分成兩三組不同的名片，視眼前所處的情境來發適當的名片，例如遇見企業老闆，王大凱可以發「會計事務所負責人／商會總幹事」的名片；但倘若是在一群會計師的聯歡活動裡，就可以除了本業名片之外，加發一張「紅酒講師」或「街頭藝人」的名片，「有時我也跑去做這些事！」增加與其他同儕互動，並在團體裡留下深刻印象的機會。

很多自僱者也會糾結到底應該給自己冠上什麼樣的職稱比較好，雖然實情是校長兼撞鐘，什麼事情都得自己來，但冠上 CEO 感覺太過高大上，不放職稱又嫌空洞。

關於要不要放職稱位階這個問題，其實會因產業而有不同。

若經常在商業圈企業與企業間往來，擁有一個職級位階確實重要。我在業界看過許多獨立作業的公司負責人，仍會放上總監或經理的頭銜，創造出公司**往上有經營層，往下也有下屬的樣貌**。

若是一些獨立性極高的工作，例如採訪記者、藝術家、室內設計師、舞蹈家，由於職務本身就已說明工作內涵，通常並不必要特別加上總監或是負責人這類職稱，若要放上也無妨。

或許有人說，現在大家都用電子名片，或是交換通訊軟體帳號，但相信我，名片就跟訂製西裝一樣，平時以為不需要，但臨時遇到重要場合，就考驗你能否隨時拿得出手。

3 設定虛擬助理

在我剛開始成立公司時，時常要處理議價跟報價之類的事，有時自己談價錢很不好意思，遇到殺價更難鐵石心腸，就怕傳出去不好聽。另一個困難點則是自己作為執行者與公眾人物兩種角色，總想扮演白臉，但若沒有一個黑臉跟客戶確認合作內容、授權事項、付款期限和欠款催收也不行。

後來我申請了另一個 Email 帳號，並給了這個帳號一個名字「克莉絲汀」，當有客戶來信時，「克莉絲汀」會幫忙回信、討論內容、報價，如果客戶的預算實在與我們平常的水準落差太大，或是客戶的產品並不吸引人，「克莉絲汀」就會出面婉拒邀約。

其實我就是「克莉絲汀」，但有了這個可以暢所欲言的助理之後，各方面的商業來往都順暢很多，直到兩年後我聘僱了員工，「克莉絲汀」才就此退位。

事實上一人公司需要虛擬助理的時刻並不少，特別是演藝圈、網紅、講師、某領域專家這類經營個人品牌者，如果沒有經紀人或經紀公司，就特別需要設定一個助理的角色來做自己跟客戶中間的緩衝。

我曾跟幾位藝人、網紅朋友分享過自己的經驗，他們不只驚呼「原來還有這招！」，後來也都各自創造了屬於自己的虛擬助理，沿用至今。

在家工作或一人公司看似輕鬆愜意，但既然人在江湖上打滾，想要贏得客戶的信賴感，首先就不能失去專業形象。當再也沒有漂亮的大公司品牌作為靠山，我們就是自己的公關，唯有先建立專業樣貌，後續才有機會讓人看到你扎實的能力。

1 'Business on top, pajamas underneath: Walmart is selling work shirts, but not so many pants'. *The Washington Post*. https://www.washingtonpost.com/business/2020/03/28/walmart-coronavirus-shirts-pants/

2 'Comfort is a vogue during coronavirus: PJ sales surge 143%, pants sales fall 13%'. *CNBC*. https://www.cnbc.com/2020/05/12/what-shoppers-are-buying-comfort-is-key-as-virus-keeps-people-home.html

9 在家工作，孩子來亂：Kids-Work Balance 的五種心法

身邊有沒有孩子需要照顧，會讓在家工作的執行模式十分不同。

對單身或頂客族的在家工作者來說，追求的是 Life-Work Balance（生活與工作平衡），但若是有小孩，則成為 Kids-Work Balance（小孩與工作平衡）。孩子往往佔據生活中的大多數時間，在家工作的父母多半只能利用剩餘零碎時間才得以專注在事業上。

我的朋友凱若也是一位斜槓作家兼創業者，她和丈夫及兩個孩子住在西班牙瓦倫西亞。凱若的丈夫原本是白領上班族，後來離開公司和她一起在家工作，共創品牌。

「小孩兩歲以後就會開始主動找你陪他玩，父母的時間常常被切割。」

凱若總是利用零星的二、三十分鐘趕緊做自己的事，「我沒時間坐在桌前慢慢構思，常用炒菜、洗澡的時候思考，甚至在馬桶上寫文案。」

疫情爆發前，凱若會利用孩子們去上學的時間工作、做家務、健身運動、上語言課或和先生約會，但疫情爆發後，校園關閉，她只好學習和孩子們在同一個屋簷下生活，同時工作。

「我會教孩子要『彼此配合』，例如說，先配合他玩了遊戲，那麼接下來就輪到他配合我，讓我工作一下。」凱若說，孩子也會想知道到底「一下是多久？」所以要定義清楚是半小時，還是一個小時。當孩子學習到「父母有時需要專心工作的概念」時，就會讓爸媽能夠有一些短暫的空擋可以做自己的事。

「不過自從有小孩之後，我已經學會很有效率的計算時間，例如寫一封Email大概幾分鐘，一篇文案應該幾分鐘內寫完，盡量不超時，因為我沒有那麼多時間。」

凱若和先生也學會當對方的後援，當他們發現另一半手上有事情正要忙時，其中一個就會先去陪小孩玩，讓對方可以專心工作，然後彼此再換手。

「其實在家工作真的很好，陪伴小孩的時間變得很長。」儘管孩子們在身邊可能影響自己的寫作進度或 Podcast 錄製，凱若仍然十分熱愛在家工作的模式，讓她能擁有更多與孩子相處的時間。

爆紅的無奈教授——BBC 老爸

若要說起父母在家工作的無奈，南韓釜山大學副教授羅伯．凱利（Robert. E. Kelly）恐怕比誰都更能感同身受。

二〇一七年三月正值南韓總統朴槿惠遭彈劾下台，韓國政局的動盪引發全球關注。凱利作為政治學教授和評論家，正在家裡接受 BBC 新聞的越洋連線採訪。

不巧的是，那天連線之前，凱利忘了鎖上房門，當他正使用 Skype 和 BBC 新聞節目連線時，女兒莫里森（Marison）突然搖頭晃腦的走了進來，凱利從自己的螢幕發現女兒意外出現，連忙想用手將她引導到鏡頭拍不到的地方，結果卻發現年紀更小的兒子踩著幼兒步行器也跟著走入房間。

儘管後來凱利的太太發現此事，衝入房間把孩子抱走，但慌亂的瞬間已經全程被轉播出去。凱利的表情既尷尬又無奈，而這段影片後來也在社群媒體上被瘋傳，高達數千萬人點閱，網友稱凱利是「BBC 老爸（BBC Dad）」。

「我當下覺得完了！」凱利事後受訪時說[*1]，他跟妻子第一個反應是他們恐怕再也不會被 BBC 採訪了，卻不料事情的發展更加超乎預期，他們成為家喻戶曉的人物，手機不斷湧來親朋好友的訊息和各家新聞媒體的邀訪通知，大眾對這段「超寫實」家庭生活感到好奇，迫使他們不得不停用手機好幾天，讓自己遠離這場始料未及的巨大旋風。

之所以讓凱利的家庭成為熱議話題，不只是因為教授的專業形象和無奈老爸的反差感造成的諧趣，更因為凱利一家的狀態讓許多父母覺得非常「熟悉」，那樣的危機處理、拆彈搶救、又氣又好笑，就好像自己家裡天天上演的狀態。

當二〇二〇年疫情爆發，許多人必須在家工作後，BBC又再度採訪凱利一家，因為英國很多家裡有小孩的父母們說：「現在我們人人都變成凱利教授了。」而凱利也回應，在家工作時身邊還有孩子環繞，「真的是一項非常艱鉅的任務！」

#自我身份認同與重新規劃工作節奏

許多在家工作的父母對於把孩子和生活結合在一起感到焦慮，儘管並不容易，但若能適時結合多種策略方法，還是可以兼顧個人職業與孩子的需求。

1為孩子做好心理建設

當父母待在家裡時，孩子可能會期待父母能夠陪伴他們玩樂，或是做各種活動，「工作」並不是孩子腦海中的優先項目，此時父母可以讓孩子了解，父母在家裡需要「工作」，所謂的工作就是需要一段不被打擾、需要專心的時間，養成孩子尊重父母工作時無法立即回應需求。年齡稍長的孩子多半在解釋之後便可理解不同情境，知道父母在接聽工作電話或是視訊會議時必須保持安靜。在父母「工作」狀態解除之後，可以立刻切換模式陪伴孩子，讓他們習慣日常各種不同情境的轉換。

2 建立協助系統

當家裡的孩子年紀更小一些，難以溝通且需要大量父母的關注和照料時，能夠有協助換手的人力是比較好的作法。前述凱若就是和丈夫換手照料，倘若家裡只有一人在家工作，聘請鐘點媬姆[*2]，或是委託祖父母、親友在特定幾個小時幫忙照顧孩子都是可行的作法。

3 設定離峰時段個人時間

清晨和深夜通常是父母可以善加利用的時間，依據自己的作息，習慣早起的晨型人可以在清晨五點時先起床工作一段時間；習慣夜間工作的人，可以趁孩子入睡之後再工作幾個小時。建立每天的離峰個人工作時段，依此規律作息，有助於工作維持生產效率。

4 練習短時間專注的能力

許多父母擔憂二十分鐘瑣碎的時間不夠用，事實上許多人推薦的「番茄時間管理法」每一次週期也就只有二十五分鐘，換句話說，儘管時間零碎，只要能夠在這段時間全神貫注，仍然能夠擁有生產力。

有時父母不適應的不是因為完全沒時間，而是與過往的心情不同，沒有孩子的時候，時間任由自己安排規劃；但當有了孩子，往往讓人感覺不是操之在己，而是「被規劃」時間。唯有改變心態接受現實，奪回瑣碎短時間的主導權，才能夠創造大效益。

5 改變看待自己的視角

很多父母在有了小孩之後常會感到自己「沒有以前那麼具有競爭力」，看著沒有養育負擔的同儕繼續往前衝，壓力更是格外沈重。

其實在人生狀態改變之後，能夠換個角度看待自己的身份定位十分重要，例如孩子在嬰幼兒期高需求陪伴，父母不需要逼迫自己立刻回到和以前一樣富有競爭力的工作狀態，這段時期會過去，原本的狀態會逐漸回來，越能享受人生任務比重改變的時期，會讓生活更愉悅。

1 Prof Robert Kelly: 'We were worried the BBC would never call us again'. The Guardian. https://www.theguardian.com/media/2017/mar/14/robert-kelly-children-interrupt-live-bbc-interview-south-korea

2 歐美各國有專門的合格褓母 APP，台灣也有多種褓母媒合平台，建議在聘請保姆時，先對其背景做詳細確認，可以了解是否有犯罪紀錄或是其他服務家庭的口碑。

10 視訊會議的真相：我們都在舞台上

某天我的臉書上跳出一則貼文，發文的朋友在國際時尚雜誌擔任行銷總監，上頭寫著：

今日國際線上視訊會議最讓我困擾的事：右下德國小帥哥的光是如何打地那麼完美又柔和？

貼文附上一張九宮格ZOOM會議的視訊截圖，我順著他的貼文內容往右下角看，是一位身穿黑色T恤戴著膠框眼鏡的男性，他的背後是麻米色牆面和白色書櫃，書籍依照封面顏色分類擺放，架上有幾盆綠色植物，光線從右方的窗戶洒落，他的臉在自然光線下顯得柔和，像是可以隨時拍居家雜誌。

反觀其他八個框格，有的人臉上出油，眼前光源一照立刻反射油光；有的人背對光源，臉部因背光而像在拍驚悚片；有的人疑似是把家裡的車庫改造成居家辦公室，背景盡是鐵架和紙箱雜物……

如果連在國際時尚雜誌工作的行銷部門員工都會有這類困擾，更不用說一般人的視訊會議畫面有多令人怵目驚心。

YouTube 有一段創下超高點閱的影片，是四個人在開工作視訊會議，原本大家都穿得人模人樣，戴著耳機開會，結果開完會說掰掰之後，其中一位男性忘了關鏡頭，只顧把耳機拿下便起身往廚房方向走去倒水，沒想到這位老兄全然忘記自己下半身只穿一條四角內褲，其他三位還沒離開視訊會議間的同事全笑瘋了，紛紛討論「我們該不該趕快打電話給他？」於是其中一位撥了手機告知，那位四角褲先生才尷尬地飛奔跑到臥房穿褲子。

對在家工作者來說，視訊會議可說是必備的職場工具，但有時不察反而容易鬧出笑話。

在視訊會議中完美展現專業的小技巧

在家工作者免不了有許多必須依靠視訊、語音開會的時候，有時甚至連進修、工作坊、演講、社交也都使用視訊連結，以便跨越疆域界線。坐在攝影鏡頭前，我們就像粉墨登場的人，與我們背後的景色一同播送到幾公里甚至幾千公里遠以外的「觀眾」眼前。

頓時間，我們都成了舞台上的人，被時時緊盯。既然小方格是我們的「舞台」，自然必須悉心營造舞台形象。在無法面對面溝通的時候，那格視訊畫面所呈現出來的質感，往往就代表他人對你的印象。「舞台」若是搭得粗糙不雅，主角變顯得像個俗人；「舞台」若明亮優雅，主角就顯得討喜且值得信賴。

視訊會議最關鍵的幾點注意事項包含：技術面、環境面以及個人面三方面，以下是我的一些心得。

技術面

1 開會前務必確定網路、耳機等是否可以連線

許多人容易犯一個基本失誤，就是在開會前才匆匆忙忙的打開電腦想連上網，偏偏此時可能家中網路臨時出問題、藍芽耳機連不上或是根本沒收到視訊會議連結網址，造成自己無法跟上開會時間。開會前務必提早十分鐘做準備，確認設備都沒有問題以免延誤。

2 避免邊開會，邊使用電腦鍵盤

不管是一邊開會一邊認真的做筆記，或只是想一邊跟朋友同事聊天交換檯面下情報，請都不要使用正在開會的這台電腦鍵盤來打字。電腦內建的鍵盤在通訊裡所呈現的音量遠比你當下「肉耳」所聽到的音量還大聲許多，為了避免造成

他人在會議中聽到你的鍵盤噪音而受干擾，建議使用 iPad 或是筆記本來做筆記，如果真的有重要訊息非傳不可時請使用手機。

3 不發言的時候確認按下靜音

我們時常忽略環境音的干擾，有些人家裡住在大馬路邊，或許已經聽習慣救護車、消防車的鳴笛聲，例如紐約就是一個時不時可能傳來各種環境噪音的城市，有時則是因為家裡有養狗會發出吠叫或幼兒啼哭，為了避免任何意想不到的突兀聲響，都應該盡可能在不發言的時候按下靜音鍵。

環境面

1 面向窗戶方向，保持光源充足

很多人習慣將電腦和書桌面向牆，因此開啟視訊時臉部時常一片黑暗，若只靠螢幕反光或是桌前一盞小燈作為光源，通常會產生臉部光線過強且分佈不均的狀況。

事實上最好的光源就是日光，在白天視訊時，務必保持臉部面向窗戶方向，讓日光可以均勻灑落在臉上。若是在晚上視訊，則可以將光源置於側邊前方（例如左前方），另外用一塊白色板子或板子包上錫箔紙，放在另一側前方（例如右前方），使雙邊臉頰都有光線。

2 鏡頭不要拍到床或一疊雜亂的衣服

儘管是在家工作，但若是鏡頭直接拍到床和一團衣服變顯得極不專業，有些YouTuber為了顯示自然生活感，所以在影片呈現上並不會特別打點居家環境，但商業視訊會議畢竟是專業職場一環，尋找一個乾淨的背景，盡可能去掉個人生活氣味，無論是一面牆或一面書櫃都要好得多。

當然，要記得確認一下書櫃上會不會有不宜公開的書，那些明星寫真集或是「如何一年內幹掉老闆爬上位」的書請好好藏起來。

3 妥善使用視訊會議虛擬背景功能

或許是為了解決許多人的家裡雜亂的苦惱，也可能是想讓人保持更多的隱私空間，線上視訊平台多半提供了「虛擬背景」的功能，例如ZOOM就提供了海灘、金門大橋、或是宇宙等背景，使用者也可以自由置換自己喜歡的圖片，蓋掉原本的住家空間環境，在視覺上增添許多方便和趣味性。

然而要注意的是，視訊會議的虛擬背景就像是社群媒體上的濾鏡裝飾，並不是越新奇越有趣越好，例如明明在開每月業績目標與績效分析這種主題嚴肅的會議，結果有人卻使用了海邊度假休閒的背景，便會顯得十分不莊重且突兀。當然，若視訊是為了幫同事慶生或恭喜誰業績達標升遷，使用花俏的背景自然無妨。在正確的時機使用相稱的背景，避免成為被白眼的對象。

個人面

1 一開始進入視訊會議時，記得禮貌向大家打招呼

視訊會議其實就跟面對面的會議沒什麼不同，如果公司的文化是進入會議室時，彼此會問聲好，打打招呼，那麼在視訊會議時也應該記得保持這樣的態度，讓大家知道有誰已經進入了虛擬會議室。

當然，也有一些亞洲的企業文化較為保守，傾向由老闆一人發言開場，那麼此時雖然不必刻意寒暄，但記得要比老闆更早進入會議室，就像平常在辦公室裡

開會一樣。

2 呈現適當畫面尺寸，保持出現在鏡頭前

既然是視訊會議，時時刻刻保持自己「出現在鏡頭前」是很重要的，座椅位置高低和坐姿都會影響自己在鏡頭前的比例。個人畫面佔比以鏡頭中能呈現完整的頭部至胸口為宜，過近會讓人產生壓迫感，過遠又顯得疏離像局外人。

若是需要拿個東西暫離鏡頭，也要記得盡快回到座位上；即便低頭寫筆記也要記得不時將眼光移回看「鏡頭」，偶爾直視鏡頭才能表達四目交接，不要只是盯著螢幕裡的自己或別人，眼神方向會與注視鏡頭有所不同。

3 不要邊開會邊吃東西

在辦公室上班時，有些人可能會帶份早餐三明治邊開會邊用餐，但在視訊會議時，請務必提早用完餐再開會。和實體會議不同的是，面對面開會時，有些人因為坐在角落且環境空間大，所以進食的舉動和動作擺幅相對顯小，並不會太過造成他人干擾。

但對視訊會議來說，每個人都只有一個小方格，在這個小方格內所進行的所有

行為都會以同等的機會被眾人看到，且食物很可能因為比你距離鏡頭更近，而產生體積放大、視覺影響加倍的效果。

避免在進行嚴肅視訊會議時飲食，是基本的禮儀。

4 開會前，先穿上體面的上衣並記得梳頭

如同我們在本書先前所說，衣著形象意味著這個人的專業形象，在視訊會議時，務必審慎挑選衣著，男性上衣以素面襯衫或是POLO衫為宜，女性則避免露肩或露胸過度袒露等裝扮。頭髮記得梳理抓好，不要為了不想抓頭髮而戴上鴨舌帽，在家工作如此裝扮反而顯得詭異。當然，不同的產業對於個人的服裝儀容要求也會有所不同，時尚流行產業或許對於誇張的裝扮造型接受度較高，但一般企業寧可保守一些。

當視訊會議已成為在家工作者的新日常，學習如何在鏡頭前妥善表達自己，營造鏡頭前的專業感將成為遠端工作者的職場必修學分。當然，如果你

不想在網路上變成大紅人，最重要的是，記得在開會前把外褲穿起來！

11 數位遊牧族和他們的天堂

遠端工作不只能改變一個人的生活方式，有時甚至扭轉整個人生。我想跟你說娜塔莉（Natalie Sisson）的故事

今天是娜塔莉不用上班的第一天，她收到朋友傳來的簡訊，「不會吧，妳真的就這樣辭職了嗎？妳瘋了！」她笑了笑，把手機放在一邊，她知道自己無論怎麼樣解釋都沒有用，也不奢求朋友可以理解，畢竟這整件事情看起來真的沒什麼道理。

她是個紐西蘭來的外地人，到倫敦打拼了幾年，在人人羨慕的大公司行銷部門工作，負責品牌管理，好不容易剛得到升遷的機會，而且也才買了一

層漂亮的公寓不久，結果，她始終壓制不住心中渴望自由的衝動，提出辭呈。

或許是遺傳自父母熱愛旅行和流浪的基因，娜塔莉心想。

她的爸媽來自歐洲，結完婚後兩人跑去紐西蘭蜜月旅行，沒想到這一去，夫妻兩人就無法自拔愛上當地的自然風光，決定定居紐西蘭。因此娜塔莉從小在紐西蘭長大，不時地跟著父母到世界各地旅行，有時她一個年級必須念兩次，只因為待在學校的時間不夠長。

「是不是因此而無法安身立命在辦公室裡待上一輩子呢？」娜塔莉心中時常自問，她也不懂為什麼自己總是在一個地方待久了就想走。

她只知道，再不走恐怕就來不及了，她想趁著還無牽無掛時，進行一場人生實驗，她想知道，自己是否能夠「邊旅行邊工作」？這樣做，她能夠走多久，看多遠？

當然，她身邊的朋友、同事全都憂心忡忡，試圖勸退。但她熱愛自由、不願受到侷限的個性，卻因為這些「善意叮嚀」而更受激發。別人說不行的事，她偏偏更想試試看自己做不做得到。

離職後兩週，娜塔莉處理掉房子，帶著一個行李箱，買了一張單程機票飛到加拿大溫哥華，她並不知道自己要做什麼，也沒什麼方向，後來在一場研討會上認識一位有軟體工程背景在家創業的朋友，兩人相談甚歡。她有預感，若是加入自己過往對新創平台、募資的知識，應該可以共同設計一個產品，創個新事業。只不過合作沒多久，她就發現自己對於撰寫部落格的興趣遠高於做產品，於是結束合作。

接下來的幾個月，娜塔莉逐漸坐吃山空，戶頭的錢越來越少，最後只剩下二十元美金，她的爸媽非常擔心她，提議要幫她買機票，叫她搬回家一起住再找其他工作；有個朋友從紐西蘭來找她，想看看她的「自由工作」發展得如何，她忍不住在朋友面前痛哭，儘管她不想承認，但她失敗了，失敗得一塌糊塗。

她決定打包行李，終止這場改變人生的實驗，乖乖向現實低頭。

正當打包行李時，她接到一通溫哥華朋友的電話，「嘿！娜塔莉，我有個客戶想找懂社群媒體的人來幫他們擬定行銷策略，我知道妳很懂這方面，不知道妳有沒有意願以及報價如何？」

娜塔莉愣住了，這種時候居然來了新客戶？真的嗎？

她想了想，決定用自己過往的專業提供一份企劃策略給對方，報價兩千美元。當然，她心裡清楚這開價不便宜，但口袋裡真的沒有錢了，如果對方覺得她的專業知識符合所需，她相信自己值這個價位。

事實證明，這位客戶成為娜塔莉事業的轉機。

她開始逐漸在溫哥華做出自己的口碑，客戶一個接著一個，從一個瀕臨破產的女孩，開始每個月收入達到五位數。她也將自己這段寶貴的經驗寫成部落格和網友分享。

有一天，她跟另一位行銷圈的前輩聊天時，對方說，「妳簡直像是一個行李箱創業家（Suitcase Entrepreneur），拎著一個行李箱就開創出自己的事業。」娜塔莉一聽，立刻愛上了這精準描繪的詞彙，於是開始在網路上稱呼自己為「行李箱創業家」，也開啟線上課程教人如何當個自給自足的「數位遊牧民族」，吸引不少也想擁有同樣生活模式的客群。

幾個月後，當娜塔莉已經逐漸在溫哥華擁有安定生活、開始漸漸像個當地人時，她遇到所有旅人都得面臨的問題：簽證。她的簽證不允許她繼續在加拿大住下去，此時她的內心又開始蠢蠢欲動，想再次去冒險，於是娜塔莉再度收拾行李，飛往洛杉磯住了兩個月，再飛往阿根廷布宜諾賽利斯。只是這一次，她不再擔心自己破產，因為她的事業只需要網路就能延續。

後來娜塔莉把部落格文章收錄起來加以潤飾，在亞馬遜自費出版了一本書，書名就叫做《行李箱創業家》[*1]，意想不到的是，這本書後來居然登上自費出版的排行榜冠軍，她也受邀在《富比世》網站擔任專欄作家，把事業與知名度推向高峰，月收入超過六位數美金。

在幾年的「流浪」之後，娜塔莉終於決定回到紐西蘭定居，她在擁有絕佳自然景觀的地方買了一間鄉村房，每天搞園藝、養雞、工作，並和愛的人生活在一起。

在家工作 VS. 數位遊牧民族 Digital Nomad

我知道，娜塔莉的故事像極了職場版的麻雀變鳳凰，美好得不可思議。然而細究她成功的關鍵因素，其實也並非難如登天，關鍵在於「網路」和「市場」。她把所有的事業都轉型成為只需要網路就能完成的項目後，再鎖定一群「需要她產品的人」（希望自由自在創業的人），就完成了事業與利潤的供應鏈。

當人們討論在家遠端工作的概念時，時常會提到兩種遠距工作的優點，一是可以兼顧生活與家人；二則是不受地理疆域限制。

換句話說，這種工作模式也恰恰適合兩種類型的人：喜歡窩在自己家裡或固定的咖啡店靜靜辦公的人，以及喜歡四處旅遊探險甚至四海為家的人。（有時這兩種特質也可能出現在同一個人身上）

通常若是受僱於大企業但工作模式可以遠距的職員，比較適合定居型的在家工作，因為時常還是需要跟同事、客戶、廠商遠距會議，四處為家還是不免會發生如時差等問題。但若是文字、企劃、設計、教學或顧問等不需要實體支援就能完成的產品或服務，較可能擁有不定址的生活型態。

「數位遊牧民族」這個名詞出現在一九九七年，Tsugio Makimoto 和 David Manners 撰寫了一本同名書籍，描繪未來的科技將有可能讓人們把工作和旅行結合為一，創造出截然不同的生活方式。

如果你已經回想不起一九九七年的網路世界是什麼樣子，讓我稍微帶你回顧一下。

當時人們多半都使用撥接上網，網路速度大約介於 28.8Kpbs 至 33.6Kpbs 之間，最主要使用的瀏覽器是網景公司（Netscape）的產品「網景領航員（Netscape Navigator）」，微軟的 IE 排名第二。當年還沒有 Google.com，而Yahoo在前一年剛成為最知名的入口平台之一，整個網路世界只有十萬個網站。那時也是網路泡沫化的堆疊時期，全世界興起一股網路熱，有很多人開始幻想網路將會為全人類帶來什麼樣的實質改變。

遊牧是人類最早的社會形式，隨著農業社會來臨，人們逐田定居使生活富足的經濟模式儼然成形。工業社會之後，由於工廠、公司具有實體定址，人們遂逐工作地而居。換句話說，定居的生活方式是受到生計與經濟的影響所促成。

然而隨著數位科技蓬勃發展，不過短短二十年的時間，網路世界如預言般起了驚天動地的轉變，截至二〇二〇年，全世界有17.4億個網站，5G行動上網即將來臨，越來越多工作能夠透過網路完成，**定居不再成為賺取收入的必要條件**，遊牧式生活再度得以被實踐，最重要的是，這些遊牧者並不一定窮。

最適合遠端工作與數位遊牧的地方

在第三章裡我們提過日本因為職場文化較難銜結遠端工作的模式，但世界上有許多國家或城市，因為國家政策及網路基礎建設的完備，而成為遠端工作和數位遊牧族的首選。

荷蘭

二〇一九年歐盟一家網路供應商發表了一份研究報告，以遠端工作的各種測量指標來比較歐洲各國，分析哪一個國家最適合數位遊牧族生活？

結果顯示，荷蘭是首選，其次則依序為德國、西班牙、英國和波蘭。

這些測量指標分別是：

- 該國家目前遠端工作的人口數
- 商務中心或共享空間辦公室數量
- 咖啡店數量
- 每杯咖啡的價錢
- Wi-Fi 熱點數量
- 網路安全分數
- 歐盟委員會傳輸分數
- 快樂幸福指數
- 租金指數
- 生活費

早在新冠肺炎疫情之前，荷蘭全國就已有高達13.7%的人在家工作（高於盧森堡12.7%、芬蘭12.3%），而且在家遠端工作的人口也不斷穩定成長，光是從二〇一三年到二〇一九年，便已多出五十萬人。

荷蘭之所以能成為遠端工作最友善的國家，得利於二〇一六年該國所頒布的《荷蘭彈性工作法案》，該法案裡規定：任何員工只要在工作滿二十六週後，就可以跟雇主要求調整工作地點，雇主除非具備充足的理由，不能拒絕員工的要求。

荷蘭人口僅一千七百多萬人，土地面積跟歐洲各國相比也顯小（四萬一千平方公里），但它們卻傾國家的力量推動遠端工作的模式，不只打造出被評為歐洲最成功數位互聯的國家，也同時被譽為歐洲電子商務最發達的國家之一。

捷克布拉格

另一個深受數位遊牧族歡迎的城市是布拉格，根據 Website Planet*2的報導指出，布拉格因為風景優美，治安好且對女性友善，加上平均生活消費較低，成為許多人邊旅行邊工作的選擇。

在非旅遊旺季時，每月大約台幣三萬元就可以租到很不錯的 Airbnb 套房，若是選擇長租公寓，月租金只要台幣兩萬兩千元左右。布拉格沒有極端的氣候，大眾交通工具也發達，咖啡店或是共享空間辦公室都有完備的 Wi-Fi。

泰國蘭塔島

泰國長久以來都是數位遊牧族的熱門地點，然而隨著泰國越來越多觀光客，數位遊牧族也變得更難找到適合放鬆生活並工作的地方。

蘭塔島特別適合熱愛炎熱氣候和水上活動的人，島上有飯店、Airbnb 和短租公寓，大約每月一萬元台幣就能租到一間雅房，一萬五千元可以租到套房，三萬六千元就有整層公寓，當然，如果你認識當地人的話，還能殺價更便宜。

對於數位遊牧族來說，這是個工作和度假完全結合的島嶼天堂，雖然免費 Wi-Fi 不算非常普及，但因為商務中心、共享辦公室林立，且提供各式各樣的方案，無論長期或短期需求都能找到適合的選擇。

無論是喜歡定居式的在家工作，或醉心到處探索的數位遊牧，遠端工作模式都開啟了我們對生活的無限想像，並提供人生不同的選擇。在數位時代裡，人們有充分的地理自由，只要能開創屬於自己的遠端工作——收益模式，就不再非得因為生計因素而被迫長期定居在某處。

數位轉型，同時也實現了人們追求自由的渴望。我們不一定能變成娜塔莉，但至少能更真正的做自己。

1 Natalie Sisson. (Original 2013; 2017) The Suitcase Entrepreneur: *Create Freedom in Business and Adventure in Life*. Simon & Schuster.

2 11 Best locations to be a digital nomad. https://www.websiteplanet.com/blog/best-locations-digital-nomad/

12 在家工作六年 海外玩遍三十趟的秘密

在長達六年遠端在家工作的日子之後，如果問我「成功實現遠端在家工作的關鍵因素為何？」

答案絕對是「個人品牌」和「社群經營」。

對我來說，只要有手機和網路就能經營社群，有筆電就能完成作品。這種低設備需求的狀態，讓我不需要受限任何地理位置，只要網路可通即可工作。

平心而論，確實不是每種職業都能夠達成遠端在家工作的夢想，以工程師來說，程式設計軟體工程師就比硬體工程師更有機會在家上班，畢竟硬體工程師要去實驗室、測試機械或設備，無法百分之百遠端工作。然而，每個人卻都可以學習建立個人品牌和操作社群經營，只要能發展出商業模式，掌握人流成為金流的關鍵，經營個人品牌將是最容易達成在家工作的夢幻職業之一。

我並不是一夕之間參透個人品牌的重要性，但正巧，在第一年離開企業打算嘗試接案工作、成為全職作家時，我注意到某位知名美妝部落客的新聞，內容指這位部落格一則業配貼文要價八萬元，價位之高，引起外界一片驚呼。

幾百個字要價八萬元！這對當時案子有一搭沒一搭的我來說，簡直就是天文數字。

那時我接案一個字最高才兩元，寫好一篇採訪稿，不過領三、四千元。有時為了多賺一點錢，還會偷塞幾個字，卻又暗自擔憂自己這麼做是否有點卑鄙。

「難道她的文字有什麼特別厲害之處？」我當時滿心好奇，試著想了解對方的致勝（或致富）關鍵。

二〇一四年算是臉書廣告經營的全盛時期（幾年後廣告預算逐漸被Instagram和YouTube瓜分），那位美妝部落客擁有百萬粉絲，隨便一篇貼文，動輒數千上萬個讚，幾乎每則貼文都在推薦不同的保養美妝產品和服飾配件。

我認真研究了好幾則貼文，再找來其他同類型美妝部落客的貼文比對，這才發現，其實就文案內容來說，並沒有什麼特別不同的地方，若要說強項，就是贏在粉絲數多、網路知名度高、跟粉絲互動好、圖片拍攝得很美。

當時我才領悟，造成「她一篇八萬，其他人以字計費」的最大差異，並不是文字功力的高低，而是因為她是「大家都認識的知名網路部落客」，也就是擁有個人品牌。

如果我們拿其他市售產品來類比，或許更容易了解品牌的價值。例如手機市場，有些人會說山寨白牌機也很好用，但價錢偏偏就是無法達到大廠牌的水準，原因無他，就是因為品牌力；又像是街上明明很多超市與平價咖啡店，但有些人還是習慣走進星巴克點杯咖啡外帶，光是手上拿著印有星巴克LOGO的紙杯，就讓人覺得「提高了一個檔次」，這則是品牌的月暈效果。

#建立個人品牌，是在取與捨之間

有了這個啟發之後，我便開始思考應該如何透過社群媒體建立自己的個人品牌，所幸以往在企業工作時，我已有多年從事品牌經營、廣告媒體企劃的相關經驗，再結合自己曾在外商公司研究部門的統計分析背景，我快速掌握粉絲團的族群樣貌，以及規劃對應的經營策略。

最初我的主題是兩性情感，一般來說，兩性文章通常是女性讀者居多，但或許因為個人特質和撰文風格的因素，我的粉絲族群男性多於女性一些，後來我在《GQ》雜誌撰寫專欄長達五年，又更加擴大了男性群眾。

多年觀察下的經驗，儘管都是兩性文章，男性讀者和女性讀者的喜好卻大相逕庭，女生喜歡溫暖、鼓勵、溫情或抱怨過往情人的內容，男生偏好幽默逗趣、實用性建議，偶爾穿插一些辛辣刺激的觀點。

個人視覺圖片呈現上，女性網友普遍喜歡氣氛式圖片，對於其他女性臉部佔比過大、賣弄性感、討好的表情會特別排斥；男性網友卻相反，對臉、身材線條和出現科技產品時有較高的互動率。

為了在兩性作家紅海市場裡鞏固個人特色，我試著找到自己擅長的主題、走出屬於自己的方向，並學習盡可能兼顧男性和女性粉絲群。不出一年半的時間，「御姊愛」這個個人品牌成為兩性意見領袖的角色，社群平台粉絲數也暴增許多。

我開始收到來自電視節目的通告邀請、在各大媒體撰寫專欄、受邀談論各種情感議題，走在路上也偶爾會被人認出，印象最深的是有一次在佛羅倫斯旅遊時，有一個女生遠遠的向我揮手，和我相認說她是我的讀者。

「御姊愛」這個略帶性感的名字和我共生，它賦予了我一個特定的樣貌，我也盡可能的讓自己符合品牌形象。社群經營則是壯大這個品牌影響力的養分，必須定期「灌溉」，與網友互動。

大約在經營這個品牌四年後，我開始想要為個人品牌稍作轉型，試著讓自己從兩性的領域擴展為更全面的生活美學和知識性主題，想「更貼近真實的自己」一點。

但品牌轉型說起來簡單，做起來並不容易。在建立公眾記憶之後，想要扭轉大眾識別是極度困難的事，只能一步一步來。

我開始減少寫兩性文章的頻率，辭掉專欄，讓社群平台上出現更多元的內容，關閉原本經營已久的部落格，轉換到 Medium 撰寫知識性內容。也創辦共學社團 A++ CLUB，開設課程和大型講座，邀請許多業界優秀人才一起參與。

我時常跟網友分享各種斜槓人生和學習心得，包含這幾年到紐約蘇富比藝術學院學習藝術市場相關知識、透過遠距在 MIT 麻省理工學院學習 AI 和商業相關課程等內容，以及在美國取得室內軟裝設計、風格師相關認證的經驗，這些內容都有助於網友瞭解我的另一面。

逐漸地，大家對於「御姊愛」和「徐豫」擁有不同的認識，或許御姊愛仍是腦海中那時常上媒體侃侃而談，性感活潑為文犀利的女子，但徐豫卻更加親近，是個和大家一樣為生活努力、喜歡居家佈置、商業科技，並經營個人品牌、有幸在家工作的斜槓創業者。

#「非你莫屬」的價值讓在家工作可長可久

個人品牌和接案者的差別，在於前者能夠產生「非你莫屬」的價值感，而後者往往淪為價格戰，價低者得。若是想安心在家工作、實現四海為家的數位遊牧族生活，建立個人品牌、擁有自己的社群平台與支持群是最有保障的路。

建立個人品牌之後，不只能夠讓個人產出的單位價格提高（等於讓單位時間效益變大），同時也能獲得更多的自由度。一旦開始被指名合作之後，就擁有選擇權，能夠說 YES 或 NO。

在經營「御姊愛」這個品牌的前一年半，我曾經看著存款簿掉淚，但就像所有新創事業一樣，走過死亡曲線後，一切就否極泰來。月收七位數不是幻想，帶著工作去旅行也不再只是空想。

這幾年裡，我經歷三十幾趟海外旅行，十六個不同的國家，北至挪威，南至紐西蘭，為期短則一週，長則兩個月。無論在世界哪個角落，信箱總會不斷收到指名合作邀約信件，這種狀態讓我敢於帶自己去任何想去的地方，但同時也隨時都可以投入工作。

除了被識別之外，個人品牌也有助於擴張影響力，過往我曾和其他廠商一起合作政府標案，在這個專案裡，我也邀請網紅共襄盛舉，並透過自身和網紅們的知名度進行媒體曝光。

在個人品牌的世界裡，除了努力把自身做好之外，和其他具有知名度的意見領袖一起聯盟拉抬也是常見擴張彼此影響力的方式。假設今天我不具知名度，恐怕就沒什麼機會用合作的方式邀請到其他人，只能都靠付費來執行。

我也時常加入其他名人邀請的公益活動，畫作義賣募款、公衛宣導，能夠透過自身的力量讓社會大眾得益處，其實是建立個人品牌後，讓我覺得最有意義的事。而這一切合作，其實都不需要坐在辦公室內才能完成，往往一通電話或傳簡訊就能搞定。

個人品牌的經營既複雜卻又簡單，這個社群媒體當道的年代，個人即商品，我們不再需要真正的「貨品」才能擁有品牌，只要經營好自己，人人都能夠建立可被識別、有價值的個人品牌和信譽。

你的粉絲不需要很多，但形象一定要好，才能發展成熟的商業模式。

當然，也要有永續經營的策略，才不至於淪為才生即滅的短命品牌，自由自在的日子也才可長可久。

13 不再迷戀大公司

小，才擁有最大的自由

在我離開企業後的幾年間，其實有幾次受邀再回到大公司就職的機會。

二〇一八年三月的某天我收到一封特別的來信，信的內容架構工整，用詞細膩專業，來信的是一位商場上赫赫有名企業家的特助，大意是說，該名大老闆看過幾次我在網路與雜誌專欄上對數位媒體的分析，覺得十分認同，邀請我到公司會晤，希望了解我對數位內容媒體未來的看法。

說實話，收到這封信著實受寵若驚，沒料到一篇文章會有這樣的影響力。網路世界時常充滿驚奇，不只能被更多人看到，甚至讓某些領域的關鍵人物發現你。

難得有機會跟如此德高望重的企業家交流分享，我認真準備了各種資料，也製作了簡報。當天開會相談甚歡，也互換了許多想法，後來那位大老闆問我願不願意到他的集團開拓相關事業，福利與薪資從優。

當時他問了我每個月收入多少，我沒想太多便照實回答。雖然只是一瞬間，但我留意到他語氣頓了一下。

見完面後，我的心情十分複雜，一方面受到業界大佬欣賞實在很有成就感，而且對方開出很好的條件，願意讓我有極大的發揮空間；另外一方面卻又感到掙扎，這麼多年自由自在的日子，收入不錯，想去哪就去哪，想發展什麼事業就去做。這樣的我，真的適合回到大企業上班、帶領一群下屬、向上級回報，對眾人負責嗎？

幾個晚上輾轉難眠，在「大企業專業經理人」和「小公司負責人」兩種截然不同的人生交叉口徘徊。

這位企業家一共跟我見了兩次面，第二次開會時，其實我已經準備婉謝他的好意。他卻像是早猜出似的，沒特別說什麼，只是笑笑的對我說，「這個世界真是變了，有各種可能性。其實你這樣的生活也挺好的。」那天臨走前他對我說，只要我有任何想要發展的項目，別忘了隨時找他。

#看開世俗職稱，建立健康的理財觀

小公司創業者需要具備各種技能，包含搞定產品、行銷、品牌經營、物流、品管、客戶經營、視覺設計、平台架設、法規、財務……既是CEO也是雜工，所有流程自己必須一清二楚，即便發包給他人或是日後聘請了一些員工，也必須能掌握各項細節。

儘管一身武藝，卻時常沒有在大企業部門當主管的朋友看起來風光，動輒「某某集團事業群總監」或「外商公司業務部副總」，十足威風。有時遇到同學會或是交換名片的場合，心理素質得要夠強才不會感到不是滋味。

在大企業工作和自行創業，本質上是兩條不同的路。創業者行事自由、後果自負，若辦公室設在家裡成本更低；大企業上班，必須對上級和下屬負責，但好處是月月有薪水，組織能後援，即使業績不佳也不會真賠上自己存款。

兩條路各有各的風景，最怕是走在這條路上，卻老想著另一邊的好風光。

自行創業也有助於重新建立自己的理財觀。

當我還是個月薪上班族時，對薪水的安全感很高，總覺得每月初自動匯入的薪水像是月亮繞地球般恆常，我對「消費」這件事的需求，是用自己的薪水去定義，例如月薪五萬時就想花到三萬，月薪十萬時就想花到八萬，隨著薪水提升，消費水平也拉高，東西越買越貴。

難怪常有人說，賺越多花越多，最後其實都差不多。

但自己創業後就不同了，每個月都不知道下個月能有多少營收，即便這個月業績極好，也沒人能夠保證下個月還有相同的成績，控制成本、儲蓄和理財至關重要，就像松鼠在冬季來臨前必須儲糧一樣的道理。

老實說，我也走過那段成為「小暴發戶」的冤枉路。當我開始從經營個人品牌賺到高額收入的前期，心態尚未調整過來，看著每月逐漸升高的業績，消費也跟著越來越驚人，雖然我不算十分熱衷時尚，偶爾還是會想買一些名牌來穿戴，加上酷愛旅遊，旅費的花銷累積起來也有一部名車之多。

後來開始列收支表之後，這才發現不得了，原來賺到的錢根本都沒有存起來，全都無聲無息的流走。行銷廣告這行，一年中有幾個月是淡季，但我卻老是以為每個月都有很好的收入，忘了要為淡季預備。

驚覺這點之後，我開始學習各種理財的方式，並且檢視自己的消費習慣，花錢前多想一想，購買網拍時先「加入購物車」但不結帳，若是過了幾天還想買再下單，避免衝動購物。

儘管並非理財專家，但我建議在家創業者在理財上採取穩健甚至保守一些的方式，避免高風險導致生活和事業一時週轉不靈，陷入借貸的惡性循環。

小，是我故意的

一些在數位跟新創圈的朋友曾經問我：「有沒有打算做更大的事業，例如發展大型平台或搞募資？」

記得那時我還傻呼呼地問，「拿這麼多錢要做什麼呢？」對我來說，拍影片、寫文章、做 Podcast 都不花什麼錢，想不通到底募資來做什麼？

朋友說，募資就可以得到很多錢，有了很多錢就能做更大版圖的事。

「所以，這代表我要開始跟別人報告進度，其他人有可能會反過來影響我的決策嗎？」我問。

「當然，別人給了你錢，就會希望知道（並指導）你怎麼用，也會有創投團隊來協助你營運。」朋友說。

其實也不意外，江湖上的道理就是：你既然收了錢，給錢的人就有權利出意見，不管這個給錢的人名稱是客戶、老闆、股東、還是創投基金。

我曾創辦一個共學社團 A++ CLUB，不定期的開設生活美學和職場發展相關課程和演講。說實話，設立之時也面臨是否要實體擴展或是停留在一個共學社群就好。若是實體擴展必然需要企業化經營，例如定期開課、租賃固定場地、聘請更多員工、並將公司制度化。

我掙扎過好一陣子，考量當時一年有半年左右不在台灣，不久後也可能搬到海外生活，事業的彈性與機動性成為主要考量，於是便選擇固定成本最低的方式來進行。開課程的時候，我跟公司一位員工外加講師，三人就能完成，大型演講時則組一個短期專案團隊來進行。

當我搬到美國之後，課程便改成數位線上教學，儘管規模並不大，但因為作業流程相對單純、不用聘請很多員工、毋需跟許多講師協調，在固定成本極小化的狀態下，單位收益還算不錯，我在心情上也沒有沈重的負擔。

鮑・柏林罕（Bo Burlingham）是美國《企業》雜誌的總編輯，他曾出過一本書《小，是我故意的》[*1]，他指出，有些小公司明明有擴張的本錢或是募資的能力，但他們卻不這麼做，他們「不」追求營收成長，也「拒絕」擴展。因為他們的經營者知道，比起規模大、成長快，還有別的目標來得更重要。

這個目標時常被大企業所忽略，卻是他們持續致勝的關鍵。

每個經營者都應該知道自己的產品在市場上的迷人之處，如果致勝的魅力並不適合「規模大」或「成長快」，一昧的追求規模與成長反而會成為扼殺產品的毒藥。

對我來說，維持創作能量、創造生活的美感並保持永無止盡的探索精神，就是我的個人品牌核心價值。自由自在不只是因為喜歡這種生活方式，也是讓我的品牌能夠延續的核心。

當然，要能堅定意志地向擴張說不並不容易，尤其當世俗價值觀總是如影隨形，動輒被問到「公司有幾個員工？」「辦公室多大？位在哪？」時，更是讓人內心交戰。然而每當我收起行囊又往下一個國家動身時，總是不禁想起那些在當大企業執行長的朋友們，不知他們說了好多年的旅程到底出發了沒？

看開職稱和公司規模大小之後，最大的幸運是讓工作生涯像玩破關遊戲，不再只是追逐公司座落的地段坪數、存款數字的累積或名片職稱的更新。

1 鮑・柏林罕。《小，是我故意的》，早安財經。（原文 Small Giants Companies That Choose to Be Great Instead of Big Revised and Updated with New Chapters）

14 避免低質量社交：遠端工作是內向型人格的解答

在家遠端工作最吸引人的特色之一是可以避免低質量社交，特別是對於本身就不愛與眾人長時間相處的內向型人格者來說，簡直是一大福音。

我本身就是最好的例子。

過往在職場當上班族時，讓我最煩惱的就是白領三寶：團購、韓劇、KTV。這三項恰好沒有一項是我熱衷的活動。

我不怎麼喜歡跟風消費，但當大家開團瘋搶時，若是不跟著團購就顯得十分不合群，幾次不跟之後，同事便逐漸連 Email、訊息都不發給你，默默變成邊緣人。

不看韓劇則失去和同事的非正式聊天話題，我偏好歐美影集，卻分不清楚誰是李敏鎬、宋仲基跟蘇志燮，當同事一股腦自封為李太太、蘇太太、宋太太時，我完全無法理解，自然也無法應和。

至於昏暗的 KTV 包廂，總讓我拔腿想跑，與其付錢花時間聽著大家不甚專業的歌聲，吸著空氣裡的淡淡霉味，待在家裡至少舒舒服服，Spotify 裡的歌手也不會走音。

像我這般對喜歡的事物會灌注極度熱情，但對沒興趣的事物一點都不想碰的個性，常被形容為「好球帶很窄」，顯得沒那麼隨和。

個性內向，不喜歡社交場合有時也是個問題。

我的某任集團老闆個性特別外向，熱愛員工簇擁，也樂意拉拔和自己親近的部屬。她的生日正巧是十二月三十一日，因此每年都會舉辦熱鬧的跨年派對，不過並不是所有同仁都能前去，必須受邀才可以。可想而知，這種能和大老闆親近、建立私人情誼並顯示忠誠的場合，讓許多中階領導層趨之若鶩，而當時我只是基層員工，沒機會受邀。

某一年恰巧老闆在十月時生了病，我聽說之後，想起她平時見到面也會關懷地問候幾句，便私下寫了 Email 祝福老闆保重身體，沒想到當年的十二月，我居然收到秘書寄來的跨年邀請。若是我對職涯晉升稍有野心，爬也該爬著去，但偏偏每年跨年時，我最大的樂趣便是在家開開心心吃炸雞，一邊和家人通電話，與電視跨年晚會同步倒數。

這真是讓人難以抉擇。

到底是該為老闆慶祝、現身宣示自己也是老闆親近的人馬，為往後的職場生涯打通一條康莊大道；還是該忠於自我，減少非必要的社交，享受獨處？

掙扎了好一陣子後，我還是婉謝了老闆秘書。

儘管有些人認為，只要夠專業，無論個性是外向或內向，都應該能把工作做好。但話又說回來，真實的職場生活往往並不只是把份內工作做好而已，太多時候我們必須在工作之餘與人互動，差別在於有些產業這種「份外之事」特別多，有些產業則較少。

這些「份外之事」俗稱職場的做人處事，在大型機構裡工作，做人處事的重要性有時甚至會凌駕個人專業，這點往往讓內向型人格者吃虧。

直到離開企業，開始在家工作並經營個人品牌之後，我才發現原來自己的個性並不是不適合職場，而是不適合「某種職場主流文化」。

多數職場期待員工樂於過集體生活，擁有團隊合作精神，不過份放大個體差異。領導力是企業管理階層的核心能力，既是「領導」，就不能太過孤僻離群。

換句話說，若是想在企業裡出人頭地，擅長與人互動和交際便是基本功。

但當我開始遠端在家工作後，低質量的被動式社交已經減少到微乎其微，因為和工作夥伴或客戶不需天天見面，諸如寒暄和涉及彼此私事的聊天也幾乎不存在。有時當然需要跟合作團隊相約咖啡店開會或討論，但我手中握有選擇權，若是喜歡的人就見面討論，不那麼熟悉的則線上會議，年節視情況送禮，平時也無需奉承逢迎拍馬屁。

沒有人會因為我不夠融入群體而另眼相待，我也不必再為了想討好眾人而時常感到焦慮，當然更沒有八卦同事在背後嚼舌根。

自從開始發展自己的事業之後，我才赫然驚覺，原來過往在職場企業裡，我們都疏於估計從職場環境與人際關係而來的精神壓力。一個不適合自己天性的職場，讓人感到加倍的心神勞損與無力。

內向型人格者的職場特色

所謂的「內向型人格」是來自榮格的理論，榮格認為每個人與生俱來都在極內向和極外向的連續體（Continuum）上，沒有人是絕對外向，也沒有人是絕對內向，只要不過份極端，所有的位置都是健康的，按照自己天生的偏好去發揮才能，都會有好的結果，反之，若是長期強拉他們到原生的個性範圍之外，就會產生不好的影響，很可能對精神造成傷害。

簡單來說，內向與外向型人格者，最大的差別在於他們對刺激的反應、如何恢復自己的精力，以及如何吸取知識和經驗。

對內向型的人來說，他們在獨處的環境下才能充電，喜歡單獨和好友見面甚過跟一群朋友相處，透過一對一的談話，能夠讓他們感覺深入、深刻且被滿足。內向型的人不喜歡停留在表淺的層次，探索內在（思想、觀念、情緒）會讓他們獲得精力。

他們偏好安靜的思考，不喜歡太多外部刺激，若是在熱鬧或快速的環境裡，會讓他們迅速流失精力，內向型的人普遍不喜歡跟人四目交接太久，講話的音量也較小，速度偏緩。

相反的，外向型的人喜歡從外部獲得刺激，這些刺激往往可以成為他們的活力來源。他們熱衷被人環繞，也熱愛與人交流，人群讓他們充滿能量。他們的注意力通常在外圍環境或人事物上，若是獨處太久會使他們感到發慌或失去力量。

儘管內向型不若外向型容易成為眾人目光焦點，但許多內向者的事業卻非常成功，例如比爾．蓋茲（Bill Gates）、艾瑪．華森（Emma Watson）、愛因斯坦（Albert Einstein）都是知名的內向型代表人物。

內向型的人因為比較「靜得下來」且心思細膩，特別適合擔任分析或幕僚的角色，又由於他們善於挖掘內在世界細微的感受，所以創意、藝術、學術、研發或顧問業也都時常可見內向型工作者大放異彩。

撰寫《安靜，就是力量》*1一書的作者蘇珊．坎恩（Susan Cain）曾提到，大多數的企業過分推崇外向型的人格特質（例如以團隊為重、對領導管理野心勃勃、擅長社交），不只可能讓內向型人格者在企業能力表現被低估、升遷上面臨更多阻撓，也可能對自我感到不滿與懷疑。

為了適應職場文化，許多內向型人格者會選擇短時間內披上外向者的外衣，例如在某個會議上積極發言、在某個專案上站出來鼓舞士氣，又或是主導某次組織活動，但這樣的「假扮」無法支撐太久，否則將可能帶來精神上的過度壓力。

哈佛大學的布萊恩．李托（Brian. R. Little）教授就是一個實例。

李托教授是個相當受到學生愛戴的老師，他不只在哈佛課堂上造成炫風，也時常受邀在 TED 演講。如果光看他的演講，幽默、機智、風趣讓人印象深刻，你不會相信他說自己是個內向的人。

李托教授說他在哈佛課堂上也是如此，用盡一切力氣讓課堂上表現盡善盡美，然而下課時間一到，他往往會直接溜進廁所，避免近距離面對學生們熱切的眼神與熱情的互動。在廁所裡獨處的他，像是脫下神仙教母的魔法，變回內向的自己，不用再扮演讓滿場讚嘆的大演說家。

李托教授稱呼這過程為「自由切換」，他認為每個人都能夠在短時間內進行個性上的自由切換，例如內向型在短時間內讓自己看起來像個外向型的人，又或是外向型暫時變成一個安靜的內向者。自由切換是讓人用來因應不同場合的社會期待，也是用以遮掩真實自我的保護色。

#獨處工作更能創造專業效率

除了職場文化使內向型人格者必須面對社交難題，現在企業間流行的開放式辦公室也是讓內向者十分頭疼的工作環境。

降低或取消辦公室隔板是近年從科技業吹起的一股旋風，企業認為開放式辦公室有助於人與人之間面對面溝通，打造更友善的環境，並且消弭主管階層與下屬之間的距離，商管專家則認為，此舉也讓企業減少許多成本。有些公司甚至實行自由座位政策，也就是個人沒有固定坐位，私人物品都放到保管箱裡，每個人每天的座位都不同。

然而《經濟學人》曾報導[*2]，根據研究，這種類型的辦公室不止沒有讓人與人之間的交流更頻繁，反而更加冷漠，為了讓自己不過度分心或受外界打擾，員工開始戴上耳機，兩眼緊盯螢幕，試圖縮小視線範圍。以往同事會來自己的座位討論事情，現在為了避免被他人聽得一清二楚，改採傳文字訊息的方式溝通。

對內向型員工來說，開放式辦公室無疑提供了太多外部刺激的環境，不只有自己的電話鈴響，就連其他人的手機、走動、聊天、打鍵盤的動作與聲音，甚至臉部表情都一清二楚。對內向者來說，這種環境將迅速消耗他們的精力，下班時間一到只想立刻逃跑。

事實上，要想打造最適合內向者的工作環境，唯有遠端工作。依照個人喜好選擇在家裡、商務中心、共享空間或是熟悉的咖啡店裡工作。

像我喜歡在室內和室外之間遊走，有時坐在工作室裡的大螢幕前，搭配一盞微弱的桌燈，赤腳踩在毛茸茸的地毯上；有時則想吹吹自然微風，抱著筆電走到陽台庭院也能工作。

既不用擔心夏天同事的體味或味道過重的香水，也不用假裝沒聽到他們正興高采烈討論的話題，播放想聽的音樂也不必擔憂主管走來對你白眼。

在家遠端工作的模式成為許多內向型人格的解答，透過這種寧靜自由的工作方式，我們總算找到適合的職場型態。沒有人非得面對面去領導另一群人不可，也不必因為自己不善於社交而感到抱歉。

如果獨處更能發揮自己的專業強項，為什麼硬要過團體生活？

1 蘇珊・坎恩（2012），《安靜，就是力量：內向者如何發揮積極的力量！》，遠流出版。

2 'Open office can lead to close mind.' The Economist. https://www.economist.com/business/2018/07/28/open-offices-can-lead-to-closed-minds

15 為何共享空間漂亮又舒適 85%的遠端工作者寧可待在家？

自從我開始成為在家創業的數位遊牧族之後，遠走他鄉旅行的頻率攀上高峰，平均每隔一到兩個月就會安排一趟海外行程，短則一週，長則一兩個月。但卻再也沒有任何一趟行程是單純放鬆，旅程中總是會不停的回覆工作訊息、參與和專業相關的會議或活動、拿出相機拍工作需要的圖集，或是晚上在桌前寫專欄。

二〇一七年炎熱的八月某天，我步出倫敦地鐵塔丘站，往倫敦塔橋的方向走，我不停對照手機地圖的方位指引，深怕一個不小心就錯過了會場。

剛抵達倫敦的第二天，我照例在 Eventbrite 上刷了一輪看是否有有趣的活動可以參加，正巧發現了一個講座《如何用最小的預算建立自己的小生意？》，主講人是兩位在英國從事新創業的工作者，我對其中一項子題「如何用小行銷預算製造大效果？」感到十分有興趣，看了看，早鳥門票一個人只要六英鎊（大約兩百五台幣），於是就立刻報名了。

我對照著地址走進一棟棕色辦公大樓裡，原本以為只要跟櫃檯報上主辦人的名字就可以進入閘門，沒想到卻堅持要我在接待區稍作休息。

接待大廳擺了一張十二人座的長型木桌，桌邊也站了一些像是要來參加活動的人。此時主辦人瑪莉佳（Marija）突然出現，她留著一頭俏麗的金色中長髮，穿著輕便的黑色T恤和牛仔褲，稍微和我們相認並寒暄一下之後，便帶著我們大約二十人上樓。

瑪莉佳領著我們到一層佔地極廣的辦公區，滿佈座位。座位與座位之間沒有隔板，偶有兩三人站著交談。她穿過人群時，完全沒有跟任何人打招呼，辦公室裡的人對我們的來訪也視若無睹，當時不免覺得奇怪，「通常公司有訪客來參加活動時，不是應該會有活動標牌，或被視為座上賓的熱情招呼嗎？」我暗自想。

我們走進一個空曠的房間，前方有巨大的投影螢幕，擺著三、四十張折疊椅。這看起來就是個臨時佈置好的場地，就算我們的活動一結束，立刻撤掉桌椅變成瑜伽教室也不奇怪。

後來在瑪莉佳的分享內容中，我才知道原來她的公司就只有她跟尼克兩人，尼克有工程背景，負責產品面（也就是寫程式），她則負責對外的行銷宣傳和募資。

辦公室裡的其他人都與他們無關，那是個共享空間，坐滿了來自不同公司的人，許多是科技業的新創工作者，也有些從事完全不同的產業，甚至還有來自國外短期居留幾天或幾週、像我一樣的數位遊牧者。

瑪莉佳和尼克除了自己手邊的工作外，也會定期舉辦工作坊，一方面透過這種方式為公司和產品打知名度，也賺取少許活動費貼補辦公室月租金，並結識各路人脈。

那是我第一次踏進所謂的共享空間，形形色色的人齊聚在一起，一個挨著一個坐著，看起來彷彿同一個群體，實則完全沒有關係。他們在此獨立工作，卻同時享受團體陪伴的氛圍。

或許，正因為是在熱鬧的環境裡，更能享受疏離的快感。

幾年後，我的公司增加了固定的一、兩位員工，我也開始在台北尋覓共享空間。這股從國外吹來的風潮也把最新的辦公空間佈置設計帶入台灣，越是新穎、越在鬧區的共享空間往往更加強調特殊風格，經常聘請海外如美國、丹麥的設計師規劃，打造明亮、開放、時尚又現代的空間感，當然，租用收費也更高。

以台北市來說，一張座位的平均月費約在台幣七千到一萬五左右，費用包含茶水、代收受包裹文件，如果需要影印、掃描、快遞則按照使用量來收費，有免費訪客接待區和收費的會議室可供租借，有些也提供作為公司登記所需地址。對於剛開始接案的自由工作者來說，這筆固定開銷並不輕鬆，但對已經擁有固定案源、營收穩定的族群而言，共享空間確實又比單獨租辦公室、請櫃檯人員來得方便划算。

共享空間的興起與危機

最早的共享空間概念出現在一九九五年的柏林，一群來自四面八方，對電腦有興趣的高手和駭客窩在同一個地點工作，不過這僅是共享空間的雛形。真正開始企業化則是在二〇〇五年，舊金山一家新創公司的軟體工程師紐伯格（Brad Neuberg）因為想要擁有個人獨立空間，但又想有同儕圍繞避免孤單，於是創立了第一家共享空間公司。

共享空間的概念其實很簡單，就是讓來自不同公司的人可以在某個特定環境裡自由工作，有時甚至因為彼此來自不同產業，而有更多的交流機會。

共享辦公室主要以無隔板的開放空間為主，也有少數半隔間或完全隔間的空間，收費可以日、月、季或年來計算。空間提供快速的Wi-Fi、飲品茶水、列印掃描、廁所清潔等服務，櫃台也可以幫忙代收或寄送包裹，甚至有些大型公司會要求櫃檯服務人員有多國語言能力，以便提供客戶接待開會的翻譯服務。

共享空間概念的出現，無疑來自網路科技、全球化、個體化社會與共享經濟的結合。

具全球規模的共享商辦往往在世界各地都有據點，以英國知名共享空間／商辦企業雷格斯（Regus）來說，他們便提供世界各地的會員能夠使用其他國家雷格斯的服務，例如某個人雖然在台北雷格斯註冊，但當他旅遊到倫敦、洛杉磯或全球任何有雷格斯辦公室的地方，都能夠憑會員卡進入並享用茶水和公用空間等服務。這也方便了許多頻繁商務出差的族群、獨立科學家或記者，以及遠端工作的數位遊牧族。

曾名列全球第五大獨角獸的 WeWork 共享空間（後更名為 The We Company）一度擁有多達五千名員工，在全球三十二個國家，八十六個城市，共經營二百八十個據點，市值估價高達四百七十億美金。二〇一七年當紅時期 WeWork 甚至在紐約最知名的第五大道設立據點。

然而好景不常，紅了不到十年的 WeWork，後來不得不面臨變現失靈的情況，原本靠著一輪又一輪鉅額創投資本撐起的新創巨獸，也在創始 CEO 亞當．諾伊曼（Adam Neumann）去職，最大股東軟銀孫正義承認投資錯誤後，逐漸失去光環，成為新創界又一個殞落的神話。

許多分析認為 WeWork 的失敗肇因於完全不顧收入損益，拼命玩資本遊戲，一股腦狂擲投資人的錢迅速擴張，並花下高額裝修費用與建商簽訂長約。媒體甚至指諾伊曼遊走在道德界線邊緣[*1]，讓 WeWork 向自己投資的辦公大樓承租空間，換句話說，他不只是 CEO 也身兼公司房東，球員兼裁判，把投資人的錢轉一輪落入自己的口袋。明明是地產業卻包裝得像科技業，但又無法如同科技新創開創「低利潤、高收益、最小化固定成本」的商業模式。

當然，回歸共享空間使用者的角度來看，究竟共享空間對在家遠端工作者來說，是必需品還是錦上添花？或許能為 WeWork 的失敗提供線索。

在家遠端工作的人，需要去共享空間嗎？

關於遠端工作者該選擇共享空間感受「上班族氛圍」或自租商辦大樓的辦公室，其實因人而異。根據《哈佛商業評論》的調查，共享空間使用者偏好的理由主要有幾點：

- 在共享空間裡感覺自由，跟不同公司的人在一起不必掩飾自己真實的個性。
- 和不同職業的人在一起，讓人感覺自己更有獨特性。
- 可以認識許多不同專長的各界好手，成為自己的資源網絡。
- 共享空間讓人有社群感，不會感到孤單。

- 共享空間氣氛很好，心情愉悅。
- 在家裡可能分心的因素太多。

儘管吸引人的優點不少，但根據 Buffer.com 在 2019 年所做的統計顯示[*2]，遠端工作者中有 84% 的人仍然選擇在家裡上班，僅 8% 的人會付費成為共享空間會員。

通常共享中心被詬病的原因諸如：

- 噪音讓人容易分心。
- 開放的環境缺乏隱私。
- 比起在家裡工作來說，花費比較高。
- 無法個人化裝飾屬於自己的工作環境。
- 有些共享空間的網路和硬體設備不夠好。
- 共享空間的公用網路可能不適合某些資安需求較高的產業。

・公用的影印機或掃描器可能會有資料被儲存備份的疑慮。

以我個人而言，因為特別容易受外部事物干擾分心、喜歡絕對安靜以及厭惡通勤，若非後來公司擴張加入其他同事，其實完全不需要另外一間辦公室。後來當我搬到美國後，員工縮減為一位，她也傾向在家工作，我所租用的共享空間便成了只是收受郵件包裹與公司登記的地方。

但並非每個人都和我有相同的個性，有些性格外向、需要外界刺激的人，喜歡看著人來人往，保持仍與外界密切聯繫的工作氛圍，共享空間便成為很實用的選擇。而一個人潮活絡、主題明確的共享空間，確實有可能帶來志同道合的有用人脈。

若以實用性來說，共享空間的免費茶水、會客空間、良好的 Wi-Fi、櫃檯服務、全球據點、實體社群都是吸引人的賣點，但用不用得上，以及是否值得花每個月一萬元左右為自己租一個小空間，也會因為不同需求和事業利潤，每個人內心都有不同的答案。

1 'WeWork's CEO Makes Millions as Landlord to WeWork'. The Wall Street Journal. https://www.wsj.com/articles/weworks-ceo-makes-millions-as-landlord-to-wework-1154764000

2 State of Remote Work. https://buffer.com/state-of-remote-work-2019

16 打造居家辦公室的 Dos & Don'ts

我台北的家裡有張六人座的實木長桌，但桌邊只放了一張椅子。朋友來訪沒地方坐總笑我，「你是不是一個人獨居久了，只想到要買自己的椅子？」他們不知道，其實這張桌子根本不是餐桌，而是工作桌。

對我來說，工作桌是十分神聖的地方，不可當作餐桌在上面放著各種食物來「褻瀆」，深怕如此一來，創作的神秘力量就會離我遠去。我寧可用小小的茶几圓桌用餐，也不願把便當盒放到六人桌上。

雖然這只是個人執念，但每個人在家工作者對於自己的居家辦公環境都有各自的偏執，我的工作環境不可或缺的是「一張 Oversized 的實木大桌」和「一把好坐的皮椅」。

桌面雖大，卻盡量不擺放除了電腦、鍵盤和滑鼠以外的東西。或許有些人會覺得「這根本浪費空間」，但在我看來，桌面留空就像畫作留白的道理，呈現出來的是餘裕、簡約和自信。

若是久坐族，當然需要一把舒適的座椅，有人喜歡強調人體工學有頭枕的網椅或電競椅，有些人則喜歡面料質感較佳的木椅。我個人並不喜歡有頭枕的椅子，潛意識裡覺得侷限了自由伸展的空間，冬夏皆宜皮椅才是我的心頭好。

搬到美國後，一開始居住的房子空間小，只能勉強在客房擺上一張單人小書桌，頗為克難。我只好不斷帶著筆電遊走家中各處，有時在中島吧台區、有時在陽台戶外，隨興之所至變換座位倒也是別有樂趣。

全開放式空間反而不利在家工作？

相對於共享空間，大部分遠端工作的人會選擇不用錢、不需外出，可以隨心所欲放鬆的自家作為辦公空間。歐美地區的居住空間普遍較大，遠端工作和在家創業更普及，原本在住家規劃時就會將其中一間房間或閣樓規劃為工作室。

工作室裡通常會有大片窗，採光良好、空氣流通，放置一到兩張工作桌，角落擺上大盆植栽，常見的像是適合種植於室內且容易照料的琴葉榕。而居家空間不足、沒辦法撥出獨立空間的家庭，則可能會改造家中的餐桌或吧台，筆電一放、燈一點，就是一處可以工作的地方。

當代的室內設計特別強調開放式的空間感，原本封閉廚房透過中島設計和用餐區連結在一起，並將視線延伸至客廳區域，營造無遮蔽的寬闊視覺效果，讓整體空間顯得更大。然而疫情期間人人在家工作時，這種開放式的環境卻反而造成許多干擾。

紐約設計師唐恩．克里（Daun Curry）在接受媒體採訪[*1]時說，「疫情之後，未來我們將可能看到不同的平面設計圖，現代開放式空間雖然很受歡迎，但這段時間，我們發現開放環境將造成『多人在家工作』的困擾，傳統隔間的房子反而可以清楚界定生活和工作空間，也能避免被家人干擾。」

克里的說法提醒我們在規劃居家辦公室時，不只要考量自己的需求偏好，也要考慮家庭的其他因素，例如：

1 多少人一起在家工作？

家裡若只有一人是遠端居家工作，情況便相對單純，倘若有兩人以上同時在家工作，劃分出個別的工作空間、互不影響是比較好的選擇。

2 是否有小孩？

家裡若有學齡前的小孩，在家工作會顯得特別具有挑戰性，因為不只需要工作，更得時時注意小孩的動靜，方便移動的硬體設備絕對必要，例如筆電、藍芽操控的音響和事務機。收納則以全隱藏式的封閉儲物櫃為佳，避免孩子太容易拿到重要文件而導致悲劇下場。

3 家人平常的作息、生活模式與習慣？

若是你的工作時常不分晚間或週末，而同住家人又會在這些時段看電視或聊天，最好選擇獨立房間避免受到影響。

4 你的在家工作性質需要哪些空間規劃？

不同的工作性質會有特殊的環境需求，例如我的工作時常需要錄製影片，因此擁有一面適合當背景的牆便十分重要，我的居家辦公室特別保留一面書牆或乾淨牆面，就是作為小型居家攝影棚之用。

有些人時常需要視訊會議，因此選擇採光好、安靜的角落就是關鍵。

我曾經住過一戶房子，環境不錯，唯一的小缺點是對面鄰居說話音量特別大，在家視訊會議時大家都能聽到鄰居的聲音。如果你家的房間或面向有類似狀況，別忘了一併納入考量！

先釐清這些必要條件之後，接下來就可以開始大刀闊斧的打造屬於你的個人居家辦公空間。

打造居家辦公室的理性與感性

許多人想到終於要擁有個人工作室時，時常會陷入美感或實用性哪個重要的困擾，Pinterest 上一滑，關於居家辦公室的靈感成千上萬，然而適合社群媒體視覺美感的佈置，未必真的是實用性上最好的選擇。但是不用灰心，掌握幾點原則，便能夠在實用性的基礎上，兼顧美觀與氣氛營造。

以下我們分別以最常見的迷思和最重要的關鍵來列出 Don'ts 和 Dos：

Don'ts 不要這樣做

1 好看的椅子未必好坐

社群媒體上很流行仿 Harry Bertoia 的金屬鑽石形狀大網格座椅，拍照時盡顯摩登復古風潮，可惜這種無法調整的座椅和金屬網格材質都不這麼適合久坐。選一張工作椅沒有別的訣竅，重點就是一定要自己到現場試坐看看，如果能夠在固定期限內退換貨最好，避免在賣場的環境跟自家不同而有落差。

2 不要把牆面擺滿

居家佈置時，最容易遇到的迷思就是為了想不浪費空間，便把所有的牆面全都擺滿。事實上牆面的留白是居家佈置顯現層次感的重要關鍵，同一個水平面上（例如地面）全都塞滿，容易顯得侷促讓空間無法輕盈。

居家工作室更是如此，如果不需要那麼多的置物櫃，就不需要擺得滿滿，比起儲藏空間更重要的是定期清理掉不再需要的廢紙、文件或書籍。

3 別委屈自己的居家辦公空間

很多人寧可為了偶爾來的親友留一間空房間，卻不願意好好佈置自己每天都需要用的居家辦公室。事實上居家辦公空間跟主臥室同等重要，如果自宅空間允許，規劃一個獨立的的工作環境無疑是讓自己感到賦權的第一步。重視自己的工作環境，就是讓自己感覺到被珍視。

當然，若是居住空間完全無法再騰出任何獨立工作區，發揮創意便很重要。不妨為尋常的生活區域增添一些不同的小儀式，讓自己的心情輕鬆過渡到工作模式。例如在餐桌鋪上亞麻白的桌布，插上一盞工作專用的桌燈，擺上你個人的工作專用咖啡杯，餐桌立刻變身工作枱，不再只是吃飯的地方，而是進入工作模式。

Dos 建議這樣做

1 回歸自身需求

雖然很多人會在購買傢俱時探尋他人的意見，但總歸來說，每個人的偏好都不同，他人的建議未必符合你的需求。

有些人工作時喜歡四平八穩，全神貫注彷彿遁入異次元；有些人則喜歡邊寫企劃案邊動動身體，結合工作與運動。前者適合沈穩的傢俱，後者或許會喜歡能升降的桌面，下方還連著滑步機。

在佈置居家空間之前，回想自己喜歡的氛圍和功能，期待有什麼樣的新元素，打造個人空間沒有正解，符合個人需求就是最好的解答。

2 工作桌的面向

關於工作桌的面向其實沒有限制，有些人喜歡面向牆壁，減少分心；有些人則喜歡面向窗，享受景色和觀察外部環境的樂趣。

若是想要兼顧，不妨可將桌子的側邊靠向窗（與窗呈90度），既可正面對向牆面，也可避免面牆的侷限感，能隨時眺望窗景。當然，離窗戶越近，越要留意陽光照射進來的強度，避免人在室內也受到強烈的紫外線傷害。

3 種植室內植物

許多心理學相關研究都發現，種植室內植物有助於減輕壓力、發揮創意以及增加工作效能。

事實上無論真假植物都常被運用在室內佈置，真的植物盡可能挑選不需要太多日光與水分的品種，例如琴葉榕就被稱為「設計師植物」，它們易於照料的特性和美麗的大片葉面，成為許多室內設計師佈置的首選；其他諸如虎尾蘭、黃金葛和蘆薈也都很能適應環境，不需要過多照顧。

假的植物若是做工精美也無不可，在假土壤的上方覆蓋一些真的落葉或小石頭，可以增加真實感。

4色系統一視覺就美

室內佈置最重要的元素就是色彩，想讓一個空間看起來討喜，最重要的秘訣就是掌握「四種顏色」：主色調、重點色彩、次要色彩，以及點綴色彩。

主色調也就是整個房間最大片面積的色調，通常是指牆面、天花板和地板的區塊，中性的米白色、裸色、淡卡其或棕色大地色系是最多人的選擇；重點色彩可能是桌面、書櫃表面、坐墊、條毯等顏色；次要色彩則是輔佐色，例如桌燈桿、書櫃架、畫框這類邊框骨架的顏色；最後微量點綴色，例如植物的綠色。

確定顏色之後，才是搭配布料材質，混搭棉麻、天鵝絨、絲質、木材或金屬等不同觸感，能夠增添不少活潑感。

居家辦公空間不只是一個工作區，它更應該是個人特色的延伸。一個人的工作室就是個人意志的展現，越能夠掌握自身需求和具體呈現核心精神意念的人，無疑越能夠貫徹在其工作之中，取得自我實現和成功。

1 'These are the 7 requests clients will make post-Covid-19.' *ADPRO*. https://www.architecturaldigest.com/story/these-are-the-7-features-clients-will-be-requesting-post-covid-19

17 在家工作時間管理的秘密：維持高效生產力的四種作法

幾乎所有全職的接案人都經歷過一段職場黑暗期，受到內心對職涯與金錢的不安全感驅動，每天忙到深夜或一週七天連續工作並不少見。一人公司的職業屬性往往無法預期未來的案量有多少，所以賺一點是一點，十足松鼠過冬的模樣。

我因為身體狀況的警示，開始學習放慢生活步調，不再用高壓的方式逼迫自己，把投資理財「定期定額」的邏輯套用到工作上，每天都產出一些，把工作產出當成一種日常習慣。

作家村上春樹擁有大量作品，他在自己的自傳裡提到，每天起床後，會煮一壺咖啡，然後開始寫作，每天都寫十頁稿紙，一頁四百字，一天四千字不多也不少。這種寫作習慣跟他熱愛的慢跑十分相像，慢跑的時候不管天氣或心情如何，把該跑的距離按速率緩緩跑完，儘管當下並不覺得有什麼卓越的進步，但日子一長，回頭看往往也累積不少實力。

比起當個短跑衝刺型的選手，馬拉松式恆定持續的工作產出是相對穩定的作法。

三種常見的效率工作術：番茄時間管理法、GTD方法、賽恩菲德策略

根據加州大學爾灣分校的研究，人們手邊正在執行的工作一旦被打擾，需要花二十三分鐘十五秒才可以重新聚焦回到軌道上，能夠讓人分心的事物實在太多，手機亮起來的提示通知、朋友傳來的訊息、跳出來的網頁廣告、窗外傳來的聲響，突然想起水槽碗盤還沒清洗……一天能夠工作的時間裡，

也沒有幾個二十三分鐘十五秒能讓我們不斷「重新專心」。

許多行為管理專家紛紛提出時間管理、提升工作效能的建議，其中最有名的不外乎番茄時間管理法（Pomodoro Technique）、GTD 方法（Getting things done methodology）和賽恩菲德策略（Seinfeld Strategy）。

番茄時間管理法

Pomodoro 是義大利文的番茄，這個時間管理法是由義大利人佛朗契斯科．西里洛（Francesco Cirillo）在一九八〇年代所創立，當時 Cirillo 用了一個廚房用的計時器來設定自己的工作時間，每二十五分鐘全力專心，另外五分鐘休息。結果他發現自己的工作效率明顯提升，由於計時器是番茄形狀，便將他的時間管理方式稱呼為「番茄時間管理法」（或番茄鐘工作法）。

採取番茄時間管理可以分為五個步驟：

1列下所有待完成的工作清單，並決定這一個二十五分鐘要完成的任務。

2設定好二十五分鐘的定時器（可以用手機倒數功能或使用番茄計時器APP）。

3在設定好的二十五分鐘內持續工作，保持專心，直到鈴聲響起並紀錄下來。

4休息五分鐘。

5每四個循環之後，休息一段較長的時間約十五至三十分鐘。

使用番茄時間管理法的好處是可以建立日常工作的節奏，避免拖延和不斷被分心。

台灣知名的政務委員唐鳳在接受媒體採訪及對大學生演講時，也多次提及他就採用番茄時間管理法，也因此被台灣和日本媒體爭相報導，擁有極高的討論度。

GTD 方法

GTD的全名為Getting things done，是由美國生產力顧問大衛・艾倫（David Allen）所提出，他建議提升工作效率的五步驟為：

1 捕捉：把目前可能占據你注意力的所有事項，無論重要或瑣碎全都列出來。

2 釐清：一一檢視這些項目，確認各項的狀態是否應該立即採取行動。若是無法或不需要採取行動，就視情況將這些事情歸類到「再評估看看」、「放棄」或「晚點再處理」。

3 整理：當各種雜事經過第二步驟的釐清之後，將他們歸檔處理，例如有些列在專案處理項目、有些則在行事曆上。

4回顧：每週花一到兩個小時的時間檢視，確定自己所有待辦事項的進度，掌控狀態和持續聚焦。

5執行：根據情境、時間、個人精力和優先順序等安排行動。

GTD方法把主體視角拉遠、用全觀的系統化操作法來解決個人待辦事項，運用專案管理方式幫助個人達成生產力。

跟番茄時間管理法不同之處在於，番茄時間管理法著重在「解決／完成」項目，而GTD方法則更強調整體規劃。

賽恩菲德策略

傑瑞．賽恩菲德（Jerry Seinfeld）是一位非常成功的喜劇表演者，某次分享自己如何成功時，他提及，「要成為一個成功的喜劇演員，必須多創作一些好的笑話；而要創造好的笑話，必須要天天不斷的寫。」

他說自己家裡最明顯的牆面上有一張非常大的年度行事曆，每一天是一格，當他完成每一天的寫作時，他會用一支紅筆在日期上打個叉，「幾天後，你會有一條叉叉串成的鏈子，只要每天維持這個習慣，這個鏈子就會越來越長，而你唯一要做的事，就是別讓鏈子斷掉。」

賽恩菲德策略的重點是「養成習慣」，不隨心所欲停止或中斷，久了成效自然可觀。這個方法也常被用在健身訓練或減肥管理上。

我的「日夜分段管理法」

我的工作性質特殊，手上時常同時處理截然不同的專案，所以我會在腦中將不同的任務做分類，需要「輸出」類的工作，例如寫作、撰寫企劃案、回覆郵件，錄製 Podcast 或拍攝照片和影片，會安排在白天精神較好時完成；而「輸入」類的工作，例如閱讀參考文獻、看書、參與線上課程或看影片，則選擇在晚上進行。

有一段時間，我一邊撰寫新書，另一方面也同時在準備美國的室內軟裝設計師認證，便規定自己白天寫作，晚上念書考試，週末則休息、閱讀、看電影或和朋友視訊聊天。日子過得規律，偶爾放鬆，作品自然會恆定產出。

當然，我也喜歡使用番茄時間管理法，由於容易分心，時常不小心就被網路上有趣的文章或時事牽著走，或是代辦事項太多總是先挑簡單的做，採取番茄時間管理法之後，因為知道每次都只有二十五分鐘，反而非常珍惜這段鈴響之前的聚焦時間。

除此之外，我的手機記事本裡隨時有一張「待辦事項清單」，並且依照重要順序排好，每完成一個項目，就在前方打個勾，每天都檢視今天的進度如何。

待辦清單常見的問題是：人們都會先挑容易完成的做，反而讓重要、需要花心思做的事遲遲沒有進展。因此由上而下排序並且「依序」執行是最重要的事，即便重要事項無法一次做完，也要堅持每天做一點才行。

另外一個訣竅是，手機盡量維持最低的干擾設定，我經常使用靜音或勿擾模式，也關掉所有螢幕顯示通知，避免自己在工作時受到電子設備背光亮起的干擾，以免老是忍不住想看信件或是訊息。

雖然我們常看到關於「時間管理」的討論，但說白了，時間從來不能被管理，真正能被管理的，只有我們自己。

找到一個適合自己的策略，搭配多種不同增加效率的方式，有緊有鬆維持適度彈性，才是最佳的效率策略！

18 如何管理你的遠端員工

儘管我自己多年來都是遠端在家工作，但說實話，當我剛開始聘僱員工時，卻說什麼都不肯讓他們完全在家工作。

因為不放心。

這種擔憂或許來自我比誰都清楚要自律並不容易，也可能是因為繼承了過往在企業上班的習慣，傾向採取「過程管理」的方式。

所謂過程管理指的是管理員工的上下班時間、多少時間待在座位上、午餐時間是否過長、進行專案時是否一層一層依序向上回報、以及是否照著SOP 標準作業流程來執行任務。

一般企業相信，只要流程控管好了，結果就不至於太令人意外。這種管理方式背後的邏輯深信：只要員工照著時間表上班，該工作的時候工作，該休息的時候休息，不在該看電腦的時候盯著手機，也不在辦公時間內搞私事，成效應該不至於太差。

所以我也曾經想買打卡鐘、研究打卡定位APP、特別介意同事早一個小時下班，儘管他們在家仍然會按時把工作完成。

一年多過去，隨著員工越來越習慣在家工作的模式，我們也建立起固定的聯絡時段和回覆訊息的速度默契，我才逐漸安心，相信他們能夠承擔起在家工作的責任感。

搬到美國之後，我在台灣只保留一位員工，前後幾年下來，她已對在家工作十分上手，不只能完成自己負責的項目，也會評估時差和我約定開會時間，並且主動代為處理緊急事項。

我從「過程管理」自然地過渡為「結果管理」，只要專案仍然順利進行，成效客戶滿意，那就沒什麼好計較員工一天花多少時間上班、是否坐在桌前待命，或有沒有趁著上班時間做自己的事。

當然，不同工作也有各自的特性。知名網路公司 WordPress 的「快樂工程師（Happiness Engineer）」職務，就是一種儘管能夠遠端在家上班，卻絲毫不輕鬆的工作。

一位曾在 WordPress 工作的員工指出*1，快樂工程師其實就是第一線的客戶服務，在他任職該公司時，員工們都需要輪值快樂班，也就是人人都有機會面對客戶，而這些客戶就是使用 WordPress 架構網站、部落格的使用者，當使用者在設定網站的過程中出現問題，就會聯繫正在世界各地遠端工作的快樂工程師們尋求幫助。

快樂工程師其實沒這麼「快樂」，畢竟來自四面八方使用者的問題往往千奇百怪，從簡單到複雜都有，有時可能是找不到某種功能的按鍵、設定好的套版跑掉、程式碼的疑難、付費發生問題，也可能是對 WordPress 有各種抱怨或建議。

每當解決完一個客戶的問題，快樂工程師就會領到一張「票卷」，公司每個月會幫大家做「票卷累積排行榜」，看誰能榮登最迅速解決問題的冠軍寶座。想拿到月冠軍，每月要累積多達將近兩千張票卷，平均一個工作天要解決一百個問題！平均中間值每月差不多要解決兩三百個問題。當然，這些量化的票卷數量也就成每個人的績效評估標準。

避免讓遠端員工感覺失去支援，是主管最大的挑戰

對於遠端工作的員工來說，除了需要克服各種自律、生產效能、社交疏離、對公司失去歸屬感等問題外，最重要的是容易感覺「失去支援」。特別是對於新進員工來說，因為尚未和同仁建立默契和「共同語言」，特別會有像個局外人無法融入的困擾。

在 Remote.co 對各企業進行遠端員工管理的調查裡，戴爾電腦（Dell）曾提及[*2]：確保每個遠距工作的員工沒有覺得自己被遺忘、或是被過分關注，以及在沒有面對面見面時，確保大家都能夠有繼續發展的機會，是遠端管理最困難的任務。

由於缺乏面對面的機會，因此許多「非文字／非語言」的溝通方式都難以被運用。例如過往在辦公室時，我們時常可以透過人與人之間細微的臉部表情、肢體語言來解讀「職場風向」、「讀空氣」，然而對遠距工作者來說，

卻無法獲取這類資訊。

這也使組織內部管理模式必須有所改變。例如過往亞洲企業文化的師徒制、身教、邊觀察邊學等作法就不適合遠距管理，必須制定更明確的工作範疇、執行任務的標準作業流程，並且應該明訂工作中的共通語言，減少遠端工作者與管理者彼此誤會的機率。

標準化的作業方式可包含以下幾點：

1 每天固定的點名與回報

主管可以和自己的組員建立每天規律的回報儀式。無論是和個別組員一對一聯繫，或是每天一次的小組團體會議，都有助於彼此交流進度和意見，讓主管和執行人都能同步掌握工作進度。

2 運用不同的科技管道來溝通

我們不能期待光靠 Email 或電話聯繫就能處理所有工作上的問題，或許 Email 有助於留下一些記錄，但對於需要群體討論和腦力激盪的議題，Email 卻無法做最有效的溝通。

好的主管應該幫助員工在不同時候使用最好的溝通管道，例如需要大家集思廣益時，可以考慮透過 Slack 或是 MURAL 這類平台來幫助討論，使訊息透過清楚易懂的視覺化呈現，有效溝通。

3 定期讓團隊組員彼此互動

不只是討論公事需要開會，有些企業也會鼓勵幫壽星員工辦線上虛擬派對，或是透過線上分組討論、競賽等方式，讓遠端工作的員工也能感受到團隊的陪伴，提振士氣並排解寂寞情緒。

4 明確的績效考評標準

當員工進入公司之後，在每年績效考評開始之時，主管都必須確保員工了解個人的考評標準原則。例如前述 WordPress 的個案，就是把票券處理作為個人績效項目之一，明確清晰的目標才能讓員工掌握方向。

在家工作衍生的資安疑慮

除了員工與組織間的互動關係之外，另一個因為遠端作業而讓公司管層憂慮的是資料安全問題。許多企業會要求遠距工作的員工避免某些導致數位安全疑慮的行為，例如：

1 避免使用公共場所提供的 Wi-Fi

需要在外部環境使用網路時，尋求熟人網路熱點或是加密的網路環境會比較安全，對資安嚴控的企業會配發員工手機，筆電只能連接固定手機網路來上網工作。

2 注意防窺視角

若是在咖啡店等公共場所使用電腦時，往往可能讓從後方經過、或是周遭的人看到螢幕上所顯示的內容，被有心人記錄下電腦開機密碼或是各種金融、信用卡、業務上的機密數字等內容，就可能產生極大風險。

3 記得加密

在傳輸重要往來郵件或文件都不要忘了利用軟體加密功能來設定密碼。多一層密碼保護，就多一分保障。

4 盡量在工作專用的電腦裡處理公事。

公司電腦往往經過 IT 部門安裝防毒、防惡意程式的軟體，在資料數據使用上會更加安全。

當員工開始在家工作，也意味著遠離公司 IT 部門監控，少了面對面能夠彼此「觀察動靜」的機會，不管是有意偷竊公司資訊或不經意讓重要資訊外流的事情都時有所聞。

根據英國網路安全公司 Tessian 所做的研究*3，近半數企業員工坦承在家工作很難完全實踐公司的資安守則，有時問題出在員工會把公司的信件轉到自己的私人信箱，或是員工會使用一些沒有經過許可的網頁、軟體程式來開啟檔案。

除了因為員工操作不當而導致資料外洩的情況外，有時也是蓄意而為。Tessian 調查發現，這些有心外流企業內部資料的時機，多半集中在公司傳出即將裁員或有離職潮時，員工出現「逃命危機意識」，備份或取走資料以備不時之需。

台灣刑事警察局也常接獲這類企業報案，某些離職員工在離開職務前夕，自己（或取得繼任同事的帳號密碼）入侵公司資料庫，掌握公司訂單機密和存取大筆客戶資料，隨後成立一間跟前公司相同業務性質的公司競爭或直接轉賣資訊，使用不法資料的案件時有所聞。

在家工作趨勢興起，企業也更加需要研擬資訊安全的對策，順勢而起的網路服務也就成為炙手可熱的新興事業。例如在後疫情時期，紐西蘭一家新創公司 PRAAS 就提供加密列印服務。以往員工若在家裡列印公司的各種資料數據，企業端難以追查，如今這項服務不只可以對應到所有廠牌、型號的家用印表機，也提供了警示回報系統，讓員工即使在家裡，也會受到資安嚴密控管。

遠端在家工作趨勢浪潮下，有無數需要實體和虛擬彼此整合、雙向管理之處，換句話說，越能夠掌握虛實整合細微環節，就越能挖掘新時代商機，成為新時代的領頭羊。

1 Scott Berkun.(2013). The year without pants: Wordpress.com and the future of work. Jossey-Bass.

2 *What is the hardest part about managing a remote workforce? Remote.co https://remote.co/qa-leading-remote-companies/what-is-the-hardest-part-about-managing-a-remote-workforce/*

3 'Remote employees are increasingly leaking confidential company information. Experts explain how it became such an issue-and how to stop it.' *Business Insider.*

19 一人公司如何三頭六臂？小公司必備的後援合作團隊

儘管「一人公司」或「在家創業」聽起來很簡單，似乎一台筆電、一張桌子和椅子就可以搞定，但實際上卻仍然有一些複雜的行政事務必須解決。不若大公司會設立總務、庶務、財務或法務等分工部門，小公司在面對這些行政、財稅或是合約法務事項就必須自己來。

若是每樣工作都聘請一位專職來負責，其實並不符合成本經濟效益。例如說，一間小公司需要的會計事項並不多，除了剛開始設立公司需要辦理的手續稍多外，每個月的接單量未必能開完一本發票簿，需要記帳的項目相對簡單；合約簽訂也不是天天有，一個月才幾份合約也不用聘請專職的法務專員。

這些項目都可以外包合作，坊間專業的會計師、記帳士、法律事務所都能以專案長期配合，懂得善用外部支援團隊將可為小公司省下高額的成本，也避免許多不必要的經營風險。

自行創業最常需要的支援有以下幾種：

1財稅服務：公司登記、記帳

成立公司的第一件事，就是必須跟政府主管機關辦理登記公司行號，載明營業項目，除此之外，也要登記稅籍。此時要先確認，你的公司需要申請的是股份有限公司、有限公司或是個人工作室，不同類型的公司型態會有後續相異的執行細節和責任範疇。

由於大部分的人對於公司法和相關稅務處理的了解並不多，因此與專業的會計師事務所合作便十分重要。會計師事務所會協助辦理公司登記、指導你去哪家銀行開設公司帳戶並且存入所需的資本額。另外，也會提供帳務簿記、營業稅務申報繳納、代購發票、每月每季財務報表、股利憑單申報作業、提供損益及營業狀況注意事項等相關服務，甚至公司營業登記地址的租賃服務有些會計師事務所也會提供。

如果你所成立的公司並不是立刻面臨需要募資、上市上櫃或是跨國經營這些需要大量財務稅務規劃，並不一定要找知名的大型會計師事務所，一般區域中小型的事務所就十分足夠，費用上也便宜很多。

2 法律服務：合約擬定、訴訟、專利申請

儘管我過往在企業裡常負責簽訂合約，對合約文字內容比一般人稍具概念，但經營公司這幾年來確實也遇過一、兩次合約糾紛，以過來人的經驗建議，經營公司務必要有長期配合的法務合作夥伴。

如果公司業務單純，只需要一份制式契約，法務夥伴可以協助合約公版的擬定；若是業務時常有客製化不同的需求，最好每次都能與法務討論，法律專業人士會提出一般人看不到的魔鬼細節。

法律合作夥伴的選擇，建議三點：

|a| 具備合格律師資格：法務之所以重要，就是在於避免日後可能的糾紛，維護我方最大利益。有些人為了省錢，找了略懂法律或相關科系畢業生來代為處

理，一旦遇上糾紛，沒有專業律師執照的法務缺少實戰經驗，難以成功談判或做到最小的損失控管。

|b| 避免只看知名度就委任：積極經營個人品牌的律師，未必是最犀利、細心或最能站在你公司立場行事的律師。許多忙於經營個人品牌的律師無法親力親為，且有更多個人包袱，反而不見得好。

|c| 探聽口碑，尋找該領域專長的律師：律師也各有所長，擅長刑事的律師未必擅長商業，很會打離婚官司的律師未必能接跨國糾紛。事先多在網路上探聽，或是問朋友是否有口碑好的人選可以推薦，並且實際跟律師諮詢一次談談看，親身感受對方對該領域的見解再做決定。

3 視覺設計：商標、名片、主視覺、包裝、宣傳品與網站

不管多小的公司都應該重視自身的品牌形象與經營，而視覺呈現是品牌形象的重要關鍵，聘請專業設計師製作公司的商標LOGO、形象主視覺和名片、信封等是必要的。

不妨在生活中留意你所看過的店家包裝，如果看到喜歡的，記得跟對方打聽視覺設計師。也可以上網搜尋平面設計師們的作品集，每個設計師都會有特別擅長的領域或風格，可以依據自己喜歡的調性來合作。

現在網路上也有許多套版製作視覺設計的網站，例如 Canva、Tailor Brands、Venngage 等都是熱門的套版設計網站。如果本身具備一定的美感，也可以自行使用這些網站來製作所需要的圖檔。

最後是架設網站。如果你所需要的網站並不複雜，其實可以學習用 WordPress 或 Wix 這類平台來架站，網路上有許多教學，自行架設可以省下一大筆網站製作費用。多數的歐美小企業主都會採行 DIY 自己動手做的方式節省開銷。台灣本地的電子商務套版網站平台如 91APP、SHOPLINE 則有完整的金流串接，是許多小型電商的選擇。倘若你所需要的網站功能比較複雜，聘請專業的網頁設計師則是相對節省時間的方式。

4 商標申請

網路上有許多代為申請商標專利的服務，服務內容通常包含先替客戶確認所欲申請的商標是否和他人重複、是否有侵權疑慮等前期準備，再代為向各地的政府提出申請。

商標是屬地主義，如果你的公司想要佈局全球，必須要向每個國家各自申請，不過網路上都可以找到代辦資源，費用通常是一筆「服務費用」加上一筆「政府申請規費」。代辦申請流程十分簡單，等候政府檢驗通過期則可能長達數個月至數年，依各國狀態有所不同。

5 第三方倉儲管理：倉儲、物流、包裝

若是有心做海外進出口生意，就會需要第三方倉儲管理的支援。即便你人在另一個國家，仍然可以面對全球市場。第三方倉儲管理公司會負責產品入關之後的一切貨物儲存、管理、基本包裝以及送到客戶手上的物流。當然，若是包裝上有額外需求，可能會需要加收費用。這類型公司確實讓小企業進行進出口貿易變得容易許多，也不再需要在各個地區的市場都聘有員工。

當然，除了上述這些比較常見的企業支援服務項目之外，作為一個在家創業者，或許也可能需要保姆、清潔等周邊後援團隊。

就我自身經驗來說，小型創業當然希望能省則省，不過某些項目還是交給專業工作者來執行，既能節省時間，也避免更多麻煩，讓自己能更專注於核心產品或項目的開發上才最重要。

20 開創遠端工作的新局，原來還有這些工作可以做！

也許你會問，到底要去哪裡找到在家工作的機會呢？

現階段或許企業遠端工作職缺仍集中於某些特定領域，但誰說「找不到」不能自己「創造」一個？

虛實整合的健身教練

我想分享一位朋友 Arsh 的故事。

十幾年前，我和她在同一間廣告公司過著每天加班、跟客戶提案簡報的日子。後來人生各自轉向，Arsh 把自己鍛鍊得一身肌肉，考取教練資格，在知名的連鎖健身房工作多年。

在健身產業上班並沒有想像中的輕鬆。教練除了教導課程、不斷進修考取各種認證之外，還必須身兼業務和客戶服務，身上所揹的壓力並不小。

儘管每家健身公司的規定不盡相同，但普遍來說，都會抽取不低的佣金、要求教練課表排得越滿越好，甚至請休也無法彈性決定。有時健身公司安排促銷活動，教練也得配合調降學費、犧牲利潤。

之所以讓教練們願意繼續待在健身房的原因，不外乎是自己開業成本太高、器材太貴、怕沒有客源、擔心收入不穩定。

Arsh 在教課多年累積許多學生之後，做出了一個大膽的決定：她決定離開公司，成為自由教練，她不只在 Instagram 上開始製作精美的體適能資訊分享、開啟公開帳號行銷自己，也採取實體與虛擬並用的方式上課，擴大教學範圍。

實體部分，她成為 UA Training 的團課教練，並積極和各個組織合作，例如接洽公司行號或是私人健身房，探詢對方是否需要團體課和教練，必要的時候也跟對方提案說明授課方式。

虛擬部分，她分成兩種課程類型，一種是擔任線上跑步教練，協助學員進行科學化跑步訓練；另一種則是擔任私人教練，透過視訊帶領學員做基礎肌力訓練。

Arsh 會先請學員帶著跑錶試跑，或參考學員過往的 RQ 科學化數據，了解學員基本的跑力之後，安排為期數週的課表，並設定學生一週跑步的次數、每次的心率或跑速。學生跑完後，數值會自動上傳回平台，Arsh 會觀察這些數值了解學員狀態，提出相關建議和調整。

學員找跑步教練的動機通常是為了完成大型馬拉松賽事，教練會為學生擬定最適合他們的跑步進度和策略，協助他們成功完成挑戰。

Arsh 觀察到有些學員並不喜歡常常出門，特別是遇上疫情流行期間或是雨季，於是她也規劃 ZOOM 或 SKYPE 的視訊健身課。

教練會先示範，學員則依據指示在鏡頭另一端完成指定動作，過程中教練會觀察學員的姿勢是否正確。若是學員家裡有某些器材，也可以融入課程規劃裡。Arsh 說，「某些學生會有惰性，但跟教練約了就無法懶惰。」而她也不再需要侷限於工作所在地，即便去旅行時也隨時可以開鏡頭上課。

由於虛擬健身課是非常新穎的作法，我好奇地問 Arsh，「這樣虛實整合授課，是否能讓收入達到以往在健身房任教的水準？」原本以為可能要一年半載才會穩定下來，沒想到她說才第二個月就已經賺到過往的月收入，「其他教練之所以不敢離開，是因為沒有安全感，害怕自己開業會失敗。」

#線上語言教學老師

為了加強英文能力，我透過線上學習英文會話長達十年。十年裡遇過來自世界各地各式各樣的老師，曾經認識長居印尼峇里島的加拿大籍與英國籍的老師，他們不只從事線上英語教學，也在當地從事其他工作，例如教人衝浪或潛水，一邊享受海洋和陽光環繞的島嶼生活，一邊輕鬆慢活。

我也遇過在紐約出版社當特約編輯的老師，由於正業不穩定，於是加入英語教學的行列。還有許多二度就業的媽媽或是退休的銀髮老師，她們受過高等教育，有些也曾擁有一番非凡事業，她們一週會安排幾個小時來教學，順便透過這種方式和世界各地的人有所連結，為生活增貼一些樂趣，順便賺取收入。和她們聊天十分享受，豐富的歷練與知識讓我得到語言外的其他收穫。

當然也有以線上教學為主要工作的老師。我有一位固定配合的美籍老師，原本在某間大學裡教第二外國語，線上教學只是用來賺點外快，沒想到前幾年受到少子化和經濟影響，大學經營慘淡，裁撤了一些部門和員工，他頓失收入來源，為了養家，他只好加開更多線上授課時段，一週六天，從早教到晚，賺得比原本學校工作還多。

所幸他後來受聘到州立大學任教，才結束瘋狂工作的日子。值得一提的是，這間州立大學正好就是為了招納更多全球學子，要增聘擅長遠距教學的老師，而他豐富的線上授課經驗剛好成為得到新職的最佳武器。

遠距在家工作機會，是給能夠發揮創意、預見未來的人

我本身透過數位平台擁有各種斜槓身份，也開創多元收入來源。曾經有人好奇問，「怎麼能找到這麼多遠距執行的工作？」

其實我的秘訣只有一個，就是「**不要等別人幫你搭舞台。若沒有舞台，**

就自己建一個。」別只是等待他人端工作機會到你面前，有太多美好的工作根本還沒有被創造出來，如果想要成為業界的領先者，只能自己開創。

網路世界裡，許多商業模式都是公開的。當我付費使用某個平台時，我不會只是傻傻付了錢等著用，而會多觀察一下，研究對方怎麼進行這門網路生意，為什麼這項服務會讓我願意掏錢買單。當我想通了其中的道理，會感到樂不可支，因為看懂了這個「數位商機的局」。一旦能夠看懂，便有機會學習、運用並加以改良成為自己的商業模式。

在本書的最後，很遺憾，我不能像人力資源網站一樣告訴你哪裡有適合的在家工作職位，呼喊你趕快來應徵。

如果在閱讀完這本書之後，已經做好在家工作的心理準備，我相信勇敢突破現狀的你，必然擁有獨立解決問題的能力。可以搜尋自己想要發展、從事的領域，也可以思考如何突破傳統藩籬打造屬於自己的生存之道。當然，或許你也已經著手預備多元發展、虛實整合。

無論如何，我相信開起這段遠端在家工作的旅程，將會是你一生中最美好的一段時光，截然不同的生命經驗，肯定會大大提升你的技能值。

在家工作　從職場裡自由，在生活中冒險的個人實踐

作者	徐豫（Anita 御姊愛）
責任編輯	韓嵩齡
設計	犬良品牌設計
行銷企劃	洪于茹
出版者	寫樂文化有限公司
創辦人	韓嵩齡、詹仁雄
發行人兼總編輯	韓嵩齡
發行業務	蕭星貞
發行地址	106 台北市大安區光復南路 202 號 10 樓之 5
電話	(02) 6617-5759
傳真	(02) 2772-2651
劃撥帳號	50281463
讀者服務信箱	soulerbook@gmail.com
總經銷	時報文化出版企業股份有限公司
公司地址	台北市和平西路三段 240 號 5 樓
電話	(02) 2306-6600

第一版第一刷　2020 年 8 月 1 日
第一版第二刷　2020 年 9 月 2 日
ISBN　978-986-98996-2-8

國家圖書館出版品預行編目（CIP）資料

在家工作 / 徐豫 (Anita 御姊愛) 著 . -- 第一版 . --
臺北市 : 寫樂文化 , 2020.08
　面；　公分 . -- (我的檔案 ; 49)
ISBN 978-986-98996-2-8(平裝)
1. 職場成功法

494.35　　109009713